Deepen Your Mind

Deepen Your Mind

序

AI 影像辨識是當今非常熱門的技術，也是未來技術發展中非常重要的一個領域，隨著數據量的增加和電腦計算能力的提高，AI 影像辨識技術也不斷的發展和改進，也應用在越來越多的不同領域場景。AI 影像辨識技術的出現，已經在人類社會的生產和生活中發揮了重要的作用，也帶來無限可能的未來科技發展。

本書首先介紹 AI 影像辨識，讓讀者們能夠了解 AI 影像辨識技術的基本概念和發展過程。接下來，將深入介紹 OpenCV 在影像辨識中的應用，包括影像色彩調整和轉換、影像剪裁、變形、加入文字和繪圖、影像效果進階處理、偵測滑鼠和鍵盤 ... 等，熟悉了 OpenCV 之後，就會開始進行 OpenCV 在人臉、物件、顏色等影像辨識方面的應用，以及如何透過 MediaPipe 和 Teachable Machine 進行人臉、姿勢、手勢等影像辨識。

本書主要關注於 OpenCV 與 AI 影像辨識技術，隨著 AI 影像辨識技術的進展，不僅對工業領域有所助益，同時也在醫療、農業、交通、安全等各個領域發揮著重要作用。人類對 AI 影像辨識技術的需求越來越大，需要更多專業人才來滿足這個需求。本書希望能夠成為初學者、進階者以及專業人士的參考書籍，並通過各種實例和應用案例來幫助讀者深入理解這些概念和技術。

最後，希望本書能夠透過具體的實例、大量的完整範例程式碼和簡潔易懂的文字，幫助大家深入理解影像辨識技術的原理和應用，從中學習到有用的技能和知識，在實際應用中獲得成功，迅速上手開發自己的應用。感謝所有在我寫作過程中給予支持和鼓勵的人，包括我的家人、朋友和出版社，祝福大家在學習和實踐中取得更好的成果，並且在未來的技術道路上一路順風。

目　錄

Chapter 01　認識 AI 影像辨識

Chapter 02　認識 OpenCV

Chapter 03　OpenCV 存取圖片和影片

Chapter 04 OpenCV 的影像色彩

Chapter 05
OpenCV 影像的剪裁、變形、文字、繪圖

Chapter 06 OpenCV 影像效果

Chapter 07 OpenCV 影像進階處理

Chapter 08 OpenCV 偵測滑鼠和鍵盤

Chapter 09 OpenCV 影像辨識

Chapter 10 MediaPipe 影像辨識

Chapter 11 Teachable Machine 影像辨識

Chapter 12 其他影像辨識範例

附錄 A 其他參考資訊

第 1 章

認識 AI 影像辨識

1-1、AI 影像辨識的發展歷史

1-2、AI 影像辨識技術發展現況

1-3、AI 影像辨識服務和工具

1-4、AI 影像辨識的未來發展

前言

隨著科技的發展，人工智慧（AI）的應用也越來越廣泛，其中最具代表性的就是影像辨識技術，影像辨識技術也是人工智慧領域中的熱門技術之一。AI 影像辨識技術憑藉著其高準確率和快速處理能力，可以幫助人們更準確地識別和分類圖像中的物體、人物和場景，並且廣泛應用於各種領域。在這個章節裡，將會探討一些 AI 影像辨識技術的發展現況、未來可能性以及相關應用領域，同時提供一些知名的 AI 影像辨識服務與工具。

1-1 AI 影像辨識的發展歷史

AI 影像辨識是人工智慧領域的一個分支，其發展歷史可以追溯到上個世紀。以下是 AI 影像辨識的發展歷程：

- 1950 ～ 1970 年：

  科學家首次提出了關於影像處理的概念，並嘗試設計和構建影像辨識系統，這象徵人工智慧技術開始進入影像辨識領域，當時的技術限制了 AI 影像辨識的發展。

- 1970 ～ 1980 年：

  影像辨識的研究開始進入實際應用的階段，例如美國政府開始發展可用於偵測敵軍的影像辨識技術。

- 1980 ～ 2000 年：

  卷積神經網絡 (Convolutional Neural Network，CNN) 逐漸被引入影像辨識領域，這是一種基於多層神經元的深度學習算法，大幅提高了 AI 影像辨識的準確性和速度，因此大量的基於 CNN 的影像辨識模型被提出，例如 LeNet、AlexNet…等。

- 2000 ～ 2010 年：

  影像辨識技術開始在商業應用中得到廣泛應用，如基於人臉辨識的安全控制系統、基於圖像辨識的協助醫學診斷系統等。

- 2010 ～ 2020 年：

  深度學習技術逐漸興起，許多像是 TensorFlow、PyTorch 和 Keras…等影像辨識相關的框架和平台不斷推陳出新，許多公司和研究機構都開始致力於改進 AI 影像辨識技術，例如微軟發布的 DeepFaceRecognition 系統，在人臉識別方面取得了 99.28％的準確率 (接近人類的能力)，Google Inception 模型在 ImageNet 競賽中取得了 4.9％ 的錯誤率，特斯拉的 Autopilot 系統使用了深度學習技術，已經可以實現高速公路上的自動駕駛功能。

- 2020～目前：

  隨著 AI 技術的不斷發展和普及，影像辨識技術也逐漸走向成熟和穩定，除了在影像處理、影像識別、行為分析等方面取得更好的成果，也將更關注 AI 影像辨識的道德問題，包括隱私、種族歧視等問題。

1-2 AI 影像辨識技術發展現況

在過去幾年中，AI 影像辨識技術得到了快速發展，有別於最初的傳統圖像處理方法，由於深度學習技術的興起，使得 AI 影像辨識的準確率得到了大幅提升，甚至在某些領域超越了人類的辨識能力。

許多公司和組織都在開發自己的影像辨識算法，並且在不斷提升其性能，加上硬體技術的發展，讓現在的電腦和行動設備可以更快速地進行影像處理和辨識，使得 AI 影像辨識技術的應用更加便利和普及。

目前，AI 影像辨識技術的應用領域已經非常廣泛，涵蓋了各個領域，例如：

- 自動駕駛：識別交通標誌、道路標誌和行人，幫助自動駕駛汽車更準確地駕駛，提高駕駛安全性。
- 醫療領域：幫助醫生識別出醫學影像中的病灶和疾病，提高病患的診斷準確率。
- 安防領域：辨識疑似犯罪行為和威脅，提高安全性和警戒水平。
- 製造業：幫助生產線上的機器人識別出不合格品，並進行修正和分類，提高生產效率和品質。
- 食品安全：識別食品中的不合格成分，並且檢測食品包裝的完整性，保障消費者的食品安全。
- 零售行業：識別商店中的產品和顧客，實現更加精準的推薦和管理。
- 環保領域：識別垃圾種類，實現垃圾分類和回收。

1-3 AI 影像辨識服務和工具

目前市場上已經有很多知名的 AI 影像辨識服務和工具，以下列出一些有相當市佔率的產品：

- Google Cloud Vision：由 Google 公司提供的 AI 影像辨識服務，可以實現影像分類、人臉辨識、OCR 等功能。
- Amazon Rekognition：由 Amazon 公司提供的 AI 影像辨識服務，可以實現人臉識別、物體和場景識別、文本識別等功能。
- Microsoft Azure Computer Vision：由 Microsoft 公司提供的 AI 影像辨識服務，可以實現影像分類、人臉辨識、物體辨識、OCR 等功能。
- IBM Watson Visual Recognition：提供臉部辨識、物體辨識、場景辨識等功能，並且可以自定義訓練模型。
- MediaPipe：Google 開發的一個開源的多平台機器學習框架，主要用於媒體處理應用，如影像辨識、音訊辨識、手勢辨識等。
- OpenCV：開源的影像處理和辨識庫，可以實現影像處理、特徵擷取、影像分割等功能。
- TensorFlow Object Detection API：Google 開發的基於 TensorFlow 的物體檢測工具，可以實現物體檢測和識別。

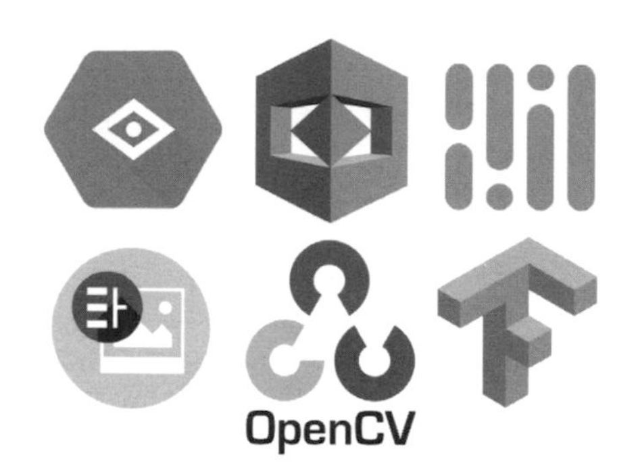

1-4 AI 影像辨識的未來發展

未來，AI 影像辨識技術的發展空間非常大，透過 AI 影像辨識技術可以幫助人們更好地理解和處理影像訊息，幫助人們更快速地識別圖像中的內容，實現更加智慧化的生活和體驗。雖然 AI 影像辨識技術目前已經取得了巨大的發展和進步，但是仍然有很多挑戰和問題需要解決，未來，AI 影像辨識技術有以下幾個發展方向：

- **更加智慧化**：AI 影像辨識技術可以實現更加精確的影像辨識和分析，進一步提升其智慧化程度，進而滿足不同應用場景的需求，提升使用者體驗。
- **更加多樣化**：AI 影像辨識技術可以應用於更加多樣化的場景和應用中，包括商業、教育、醫療等不同領域，進行更精準的識別，提升各行各業的效益。
- **更加全面化**：AI 影像辨識技術可以識別更多種類型的影像，包括二維影像、三維影像、動態影像等不同形式的影像，實現更加全面的影像分析和應用，更加滿足不同場景和應用的需求。
- **更加高效化**：AI 影像辨識技術可以實現更加高效的影像識別和分析，進一步提升其運行速度和效率，更加滿足即時運行和高效運算的需求，例如自動駕駛技術 ... 等。

小結

總之，AI 影像辨識技術的發展為人們的生活和工作帶來了非常大的便利，未來也將有更廣闊的發展空間和潛力。相信在不久的將來，AI 影像辨識技術將會在更多的領域中得到應用，並帶來更多的價值和改變。

第 2 章

認識 OpenCV

2-1、OpenCV 是什麼

2-2、安裝 OpenCV

2-3、測試 OpenCV

前言

OpenCV 是一個跨平台的電腦視覺函式庫 (模組) ，可應用於臉部辨識、手勢辨識、圖像分割 ... 等影像辨識相關的領域，這篇教學將會介紹 OpenCV 函式庫，以及如何安裝 OpenCV 函式庫。

- 本章節的範例程式碼：
  https://github.com/oxxostudio/book-code/tree/master/opencv/ch02

2-1 OpenCV 是什麼？

OpenCV 全名是 Open Source Computer Vision Library (開源計算機視覺函式庫)，OpenCV 由 Intel 發起並開發，以 BSD 授權條款授權發行，可以在商業和研究領域中免費使用，是目前發展最完整的電腦視覺開源資源。

OpenCV 常應用於擴增實境、臉部辨識、手勢辨識、動作辨識、運動跟蹤、物體辨識或圖像分割 ... 等領域，能使用各種不同語言 (Java、Python、C/C++... 等) 進行開發，由於 OpenCV 的高執行效率，甚至可用來開發 Real-time 的應用程式。

2-2 安裝 OpenCV 函式庫

使用本機環境或 Anaconda Jupyter，輸入下列指令，就能安裝 OpenCV 函式庫 (Jupyter 需使用 !pip)，安裝過程需要等待，請勿關閉終端機或視窗畫面。

```
pip install opencv-python
```

再輸入下列指令，額外再安裝 OpenCV 的進階套件 (Jupyter 使用 !pip)，才能支援像是物件追蹤、人臉辨識 ... 等功能。

```
pip install opencv_contrib_python
```

安裝 OpenCV 的過程中 (通常是第一次安裝)，可能會遇到卡在「Building wheel for opencv-python (PEP 517)」的問題，如果遇到這個問題，停止安裝 OpenCV，先輸入下方命令，更新 pip setuptools wheel (Jupyter 使用 ! pip)，完成後再次安裝 OpenCV 就可以正常運作。

```
pip install --upgrade pip setuptools wheel
```

2-3 測試 OpenCV

OpenCV 安裝完成後，將一張測試的圖片放到指定位置 (範例中將圖片和 Python 程式碼放在同一格資料夾裡)，執行下方程式碼，就會開啟圖片指定的圖片，如果可以看到圖片，表示 OpenCV 已經可以正常運作 (點擊開啟的視窗後，按下鍵盤的 q 可以關閉圖片)。

```
import cv2                        # 匯入 OpenCV 函式庫
img = cv2.imread('meme.jpg')      # 讀取圖片
cv2.imshow('oxxostudio',img)      # 賦予開啟的視窗名稱，開啟圖片
cv2.waitKey(0)                    # 設定 0 表示不要主動關閉視窗
```

❖ 範例程式碼：ch02/code01.py

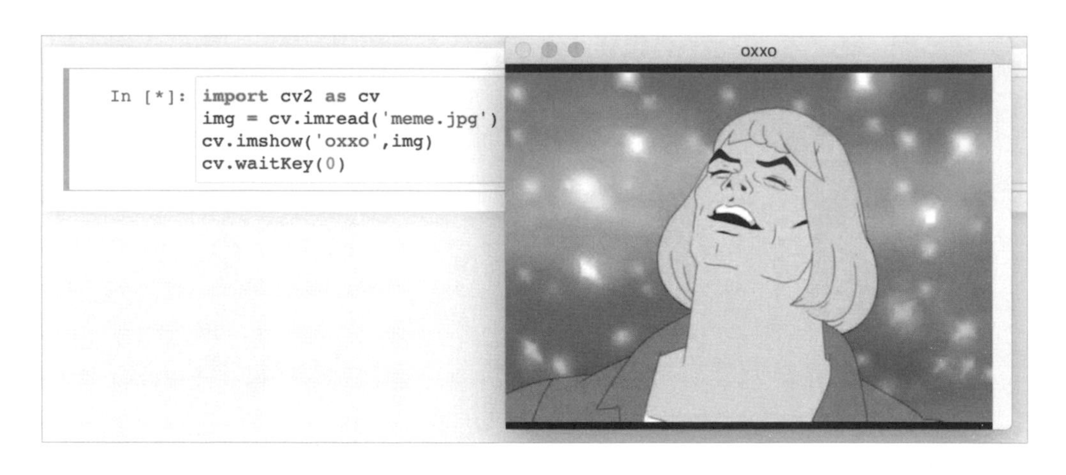

小結

已經順利安裝 OpenCV 後，就可以開始準備進行修改圖片、影像識別 ... 等 AI 影像辨識與處理的操作。

第 3 章

OpenCV 存取圖片和影片

- 3-1、開啟並顯示圖片
- 3-2、寫入並儲存圖片
- 3-3、讀取並播放影片
- 3-4、寫入並儲存影片
- 3-5、取得影像資訊

前言

OpenCV 提供 imread()、imshow()、waitKey() 方法，可以讓使用者以不同的色彩模式在電腦中開啟並顯示圖片，而 imwrite() 方法可以讓使用者將圖片進行圖片格式的轉換並另存新檔。若是使用者想要讀取影片檔案，OpenCV 也提供 VideoCapture() 方法讀取電腦中的影片，或開啟電腦的攝影鏡頭讀取影像畫面，透過 VideoWriter() 方法，將讀取到的影片進行轉檔或色彩轉換，並儲存成新的影片檔案，這個章節會介紹如何操作這些方法。

✤ 本章節的範例程式碼：
https://github.com/oxxostudio/book-code/tree/master/opencv/ch03

3-1 開啟並顯示圖片

這個小節裡會介紹 OpenCV 裡負責開啟圖片的 imread()、imshow()、waitKey() 方法。

imread() 開啟圖片

使用 imread() 方法，可以開啟圖片，imread() 有兩個參數，第一個參數為檔案的路徑和名稱，第二個參數可不填，表示以何種模式 (mode) 開啟圖片，開啟的圖片支援常見的 jpg、png... 等格式，下面是最基本開啟圖片的程式碼。

```
import cv2
img = cv2.imread('meme.jpg')     # 開啟圖片，預設使用 cv2.IMREAD_COLOR 模式
cv2.imshow('oxxostudio', img)   # 使用名為 oxxostudio 的視窗開啟圖片
cv2.waitKey(0)                  # 按下任意鍵停止
cv2.destroyAllWindows()         # 結束所有圖片視窗
```

✤ 範例程式碼：ch03/code01.py

如果設定第二個參數，就能使用不同的色彩模式開啟圖片 (色彩模式參考後方色彩模式數字對照表)，下面的程式碼執行後，會以灰階模式開啟圖片。

```
import cv2
```

```
img = cv2.imread('meme.jpg', cv2.IMREAD_GRAYSCALE)
                         # 使用 cv2.IMREAD_GRAYSCALE 模式
# img = cv2.imread('meme.jpg', 2) # 也可使用數字代表模式
cv2.imshow('oxxostudio', img)
cv2.waitKey(0)
cv2.destroyAllWindows()
```

✜ 範例程式碼：ch03/code02.py

```
In [*]: import cv2
        img = cv2.imread('meme.jpg', cv2.IMREAD_GRAYSCALE)
        try:
            cv2.imshow('oxxo', img)
            cv2.waitKey(0)
            cv2.destroyAllWindows()
        except:
            print('找不到圖片')

In [ ]:
```

oxxo

imshow() 顯示圖片

在上面的程式碼中，使用了 imshow() 的方法顯示圖片，imshow() 包含兩個參數，第一個參數為字串，表示要開啟圖片的視窗名稱，第二個參數為使用 imread() 讀取的圖片。

waitKey() 等待多久關閉

使用 imshow() 方法時會搭配 waitKey()，waitKey() 表示等待與讀取使用者按下的按鍵，包含一個單位為「毫秒」的參數，如果設定 0 表示持續等待至使用者按下按鍵為止，下方的程式碼設定 waitKey 的參數為 2000，表示兩秒後會關閉圖片視窗 (兩秒內如果按下 q 就會中止計時並關閉視窗)。

如果遇到視窗無法關閉的狀況，可以使用 destroyAllWindows() 的方法關閉所有視窗，或使用 destroyWindow(name) 關閉指定名稱的視窗。

```
import cv2
img = cv2.imread('meme.jpg', cv2.IMREAD_GRAYSCALE)
                              # 使用 cv2.IMREAD_GRAYSCALE 模式
cv2.imshow('oxxostudio', img)
cv2.waitKey(2000)             # 等待兩秒 ( 2000 毫秒 ) 後關閉圖片視窗
cv2.destroyAllWindows()
```

✤ 範例程式碼：ch03/code03.py

色彩模式數字對照表

數字	模式	說明
1	cv2.IMREAD_UNCHANGED	原本的圖像（ 如果圖像有 alpha 通道則會包含 ）。
2	cv2.IMREAD_GRAYSCALE	灰階圖像。
3	cv2.IMREAD_COLOR	BGR 彩色圖像。
4	cv2.IMREAD_ANYDEPTH	具有對應的深度時返回 16/32 位元圖像，否則將其轉換為 8 位元圖像。
5	cv2.IMREAD_ANYCOLOR	以任何可能的顏色格式讀取圖像。
6	cv2.IMREAD_LOAD_GDAL	使用 gdal 驅動程式加載圖像。
7	cv2.IMREAD_REDUCED_GRAYSCALE_2	灰階圖像，圖像尺寸減小 1/2。
8	cv2.IMREAD_REDUCED_COLOR_2	BGR 彩色圖像，圖像尺寸減小 1/2。
9	cv2.IMREAD_REDUCED_GRAYSCALE_4	灰階圖像，圖像尺寸縮小 1/4。
10	cv2.IMREAD_REDUCED_COLOR_4	BGR 彩色圖像，圖像尺寸減小 1/4。
11	cv2.IMREAD_REDUCED_GRAYSCALE_8	灰階圖像，圖像尺寸縮小 1/8。
12	cv2.IMREAD_REDUCED_COLOR_8	BGR 彩色圖像，圖像尺寸減小 1/8。
13	cv2.IMREAD_IGNORE_ORIENTATION	不要根據 EXIF 資訊的方向標誌旋轉圖像。

3-2 寫入並儲存圖片

這個小節會介紹 OpenCV 裡的 imwrite() 方法，實現將圖片另存新檔 (包含轉檔) 的功能。

imwrite() 寫入並儲存圖片

使用 imwrite() 方法，可以將處理好的資料內容寫入並儲存為圖片，imwrite() 有三個參數，**第一個參數為檔案的路徑和名稱，第二個參數為要寫入的資料內容，第三個參數為圖片壓縮品質的設定** (非必要，參考：ImwriteFlags)。

下方的程式碼執行後，會先用「灰階模式」開啟一張圖片，然後再將其存檔為壓縮品質 80 的 jpg 和套用預設值的 png 圖檔。

```
import cv2
img = cv2.imread('meme.jpg', cv2.IMREAD_GRAYSCALE)
                    # 以灰階模式開啟圖片
cv2.imwrite('oxxostudio_2.jpg', img, [cv2.IMWRITE_JPEG_QUALITY, 80])
                    # 存成 jpg
cv2.imwrite('oxxostudio_3.png', img)  # 存成 png
```

✤ 範例程式碼：ch03/code04.py

儲存陣列產生的圖片

在 Python 裡，圖片可以使用「三維陣列」的方式表現 (長寬各多少個像素、每個像素裡包含的顏色資訊是什麼)，因此如果提供特定格式的三維陣列的資料，就能讓 OpenCV 畫出圖形。

下面的範例使用 numpy 函式庫，快速產生 500x500，每個項目為 [0,0,0] 的三維陣列，接著再讓陣列中間的正方形區域的項目設定為 [0,0,255]，呈現的就是一張 500x500 大小，黑色背景，中間 200x200 紅色正方形的圖形，最後使用 imwrite() 的方法，就能儲存這張圖片。

> 注意！ OpenCV 裡的顏色為「BGR」，並非 RGB，顏色色碼為 0 ～ 255。

```
import cv2
import numpy as np
img = np.zeros((500,500,3), dtype='uint8')
                    # 快速產生 500x500，每個項目為 [0,0,0] 的三維陣列
img[150:350, 150:350] = [0,0,255]
                    # 將中間 200x200 的每個項目內容，改為
[0,0,255]
cv2.imwrite('oxxostudio.jpg', img)        # 存成 jpg
cv2.imshow('oxxostudio', img)              # 顯示圖片
cv2.waitKey(0)                             # 按下任意鍵停止
cv2.destroyAllWindows()
```

✤ 範例程式碼：ch03/code05.py

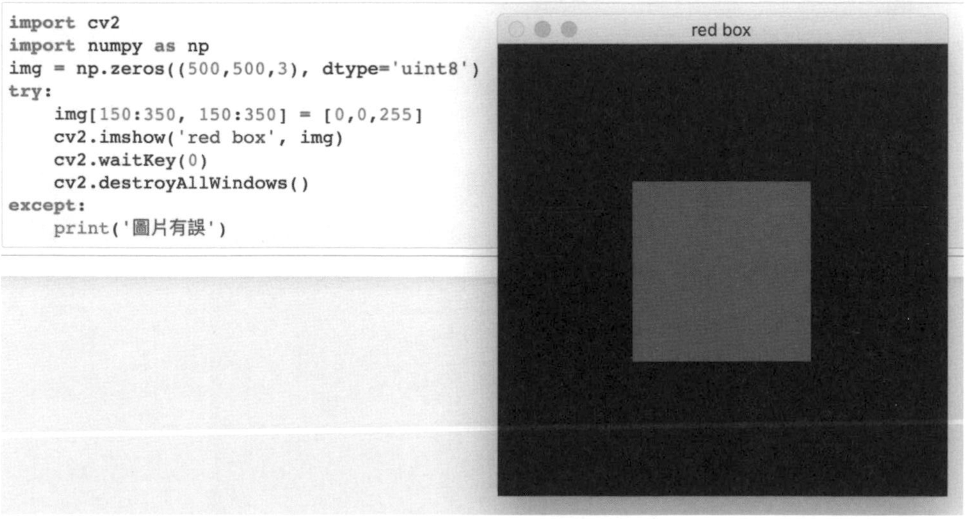

```
import cv2
import numpy as np
img = np.zeros((500,500,3), dtype='uint8')
try:
    img[150:350, 150:350] = [0,0,255]
    cv2.imshow('red box', img)
    cv2.waitKey(0)
    cv2.destroyAllWindows()
except:
    print('圖片有誤')
```

red box

3-3 讀取並播放影片

這個小節會介紹 OpenCV 裡的 VideoCapture() 方法，透過這個方法，讀取電腦中的影片，或開啟電腦的攝影鏡頭讀取影像畫面。

VideoCapture() 開啟影片

使用 VideoCapture() 方法時，如果參數指定「影片路徑」，可以開啟電腦中的影片，如果參數指定「0、1、2...」數字，則會開啟電腦的攝影鏡頭讀取影像畫面，數字代表鏡頭的編號，通常都從 0 開始，如果有外接鏡頭可能會是 1、2 之類的編號。

```
cap = cv2.VideoCapture(0)            # 讀取攝影鏡頭
cap = cv2.VideoCapture('影片路徑') # 讀取電腦中的影片
```

如果有遇到錯誤訊息 (特別是 Windows)，可以嘗試加入第二個 cv2.CAP_DSHOW 參數 (表示 DirectShow，也就是目前系統)。

> cv2.CAP_DSHOW 是 DirectShow，內容是一個「數值」，使用後等同輸入 700，第二個參數詳細可以參考：https://docs.opencv.org/3.4/d4/d15/group__videoio__flags__base.html。

```
cap = cv2.VideoCapture(0, cv2.CAP_DSHOW)
```

使用 VideoCapture() 之後，通常會再透過 cap.isOpened() 來判斷影片是否正常開啟，如果正常開啟會回傳 True，否則是 False，下方的程式碼執行後，會讀取電腦攝影鏡頭，如果沒有讀取到鏡頭資訊，就會印出 Cannot open camera 的文字。

```
import cv2
cap = cv2.VideoCapture(0)
if not cap.isOpened():
```

```
    print("Cannot open camera")
    exit()
```

✜ 範例程式碼：ch03/code06.py

順利開起影片後，就能使用 **cap.read() 的方法，讀取影片的每一幀** (例如 60fps 表示一秒鐘有六十幀)，**讀取後會回傳兩個值，第一個值 ret 為 True 或 False，表示順利讀取或讀取錯誤，第二個值表示讀取到影片某一幀的畫面**，如果讀取成功，就能透過 imshow() 的方法，將該幀的畫面顯示出來，下方的程式碼除了顯示圖片，更搭配 waitKey(1) 方法，就能不斷更新顯示的圖片，看起來就像播放影片一般。

> 使用 waitKey(1) 表示每一毫秒更新一次畫面，參數數值設定越大，圖片更新時間就會越長，影片看起來就會出現延遲的狀況，參考：waitKey() 等待多久關閉。

```
import cv2
cap = cv2.VideoCapture(0)
if not cap.isOpened():
    print("Cannot open camera")
    exit()
while True:
    ret, frame = cap.read()             # 讀取影片的每一幀
    if not ret:
        print("Cannot receive frame")   # 如果讀取錯誤，印出訊息
        break
    cv2.imshow('oxxostudio', frame)     # 如果讀取成功，顯示該幀的畫面
    if cv2.waitKey(1) == ord('q'):      # 每一毫秒更新一次，直到按下 q 結束
        break
cap.release()                           # 所有作業都完成後，釋放資源
cv2.destroyAllWindows()                 # 結束所有視窗
```

✜ 範例程式碼：ch03/code07.py

```
In [*]: import cv2
        cap = cv2.VideoCapture(0)
        if not cap.isOpened():
            print("Cannot open camera")
            exit()
        while True:
            ret, frame = cap.read()
            if not ret:
                print("Cannot receive frame")
                break
            cv2.imshow('frame', frame)
            if cv2.waitKey(1) == ord('q'):
                break
        cap.release()
        cv.destroyAllWindows()
```

frame

 搭配 cvtColor() 改變影片色彩

cvtColor() 方法可以改變圖片的色彩，如果將影片每一幀的圖片套用 cvtColor()，最後就會呈現改變顏色的影片，下面的程式碼執行後，就會讀取電腦攝影機，並將彩色影片轉換成黑白色彩的影片。

```
import cv2
cap = cv2.VideoCapture(0)
if not cap.isOpened():
    print("Cannot open camera")
    exit()
while True:
    ret, frame = cap.read()
    if not ret:
        print("Cannot receive frame")
        break
    gray = cv2.cvtColor(frame, cv2.COLOR_BGR2GRAY)  # 轉換成灰階
    # gray = cv2.cvtColor(frame, 6)  # 也可以用數字對照 6 表示轉換成灰階
    cv2.imshow('oxxostudio', gray)
    if cv2.waitKey(1) == ord('q'):
        break
cap.release()
cv2.destroyAllWindows()
```

✜ 範例程式碼：ch03/code08.py

```
In [*]: import cv2
        cap = cv2.VideoCapture(0)
        if not cap.isOpened():
            print("Cannot open camera")
            exit()
        while True:
            ret, frame = cap.read()
            if not ret:
                print("Cannot receive frame")
                break
            gray = cv2.cvtColor(frame, cv2.COLOR_BGR2GRAY)
            cv2.imshow('frame', gray)
            if cv2.waitKey(1) == ord('q'):
                break
        cap.release()
        cv.destroyAllWindows()
```

frame

3-4 寫入並儲存影片

這個小節會介紹 OpenCV 裡的 VideoWriter() 方法，透過這個方法，可以將讀取到的影片 (電腦中的影片或攝影鏡頭拍攝的影片)，進行轉檔或轉換色彩，儲存成新的影片檔。

VideoWriter() 儲存影片

使用 VideoWriter() 方法，可以建立一個空的「影片檔」，將擷取到的影像圖片組成新的串流格式，寫入空的影片檔案裡，完成後就會儲存為新的影片，範例延伸前一個小節裡「讀取並播放影片」的程式碼，進行下列的修改：

- 使用 cv2.VideoCapture() 讀取電腦攝影機鏡頭影像。
- 讀取影像後使用 cap.get() 方法取得影片長寬尺寸。
- 使用 cv2.VideoWriter_fourcc() 方法設定儲存的影片格式。
- 使用 cv2.VideoWriter() 產生空的影片檔案 (設定格式、幀率 fps、長寬)。
- 在 while 迴圈裡使用 out.write() 方法，將取得的圖片寫入每一幀。
- 結束後使用 out.release() 釋放資源。

```
import cv2
cap = cv2.VideoCapture(0)                             # 讀取電腦攝影機鏡頭影像。
width = int(cap.get(cv2.CAP_PROP_FRAME_WIDTH))        # 取得影像寬度
height = int(cap.get(cv2.CAP_PROP_FRAME_HEIGHT))      # 取得影像高度
fourcc = cv2.VideoWriter_fourcc(*'MJPG')              # 設定影片的格式為 MJPG
out = cv2.VideoWriter('output.mp4', fourcc, 20.0, (width,  height))
                                                       # 產生空的影片
if not cap.isOpened():
    print("Cannot open camera")
    exit()
while True:
    ret, frame = cap.read()
    if not ret:
        print("Cannot receive frame")
        break
    out.write(frame)        # 將取得的每一幀圖像寫入空的影片
    cv2.imshow('oxxostudio', frame)
    if cv2.waitKey(1) == ord('q'):
        break               # 按下 q 鍵停止
cap.release()
out.release()               # 釋放資源
cv2.destroyAllWindows()
```

✤ 範例程式碼：ch03/code09.py

解決無法儲存影片的問題

實作過程中，可能會遇到「無法儲存影片」的狀況，通常的解決方法有下面三種：

- 修改 fourcc 的影片格式，**如果是 mov 或 mp4 的影片檔，使用「*'mp4v'」、「*'MJPG'」或「'M','J','P','G'」**。
- 將輸入影片的長寬和輸入的長寬度調整為「**相同的長寬**」。
- 修改影片的檔名，加上 01、02、03... 等數字。

搭配 cvtColor() 儲存為黑白的影片

使用 cvtColor() 方法可以改變圖片的色彩，如果將影片每一幀的圖片套用 cvtColor()，最後就會呈現改變顏色的影片，下面的程式碼執行後，就會讀取電腦攝影機，並將彩色影片轉換成黑白色彩的影片，最後儲存為黑白的影片。

```
import cv2
cap = cv2.VideoCapture(0)
width = int(cap.get(cv2.CAP_PROP_FRAME_WIDTH))
height = int(cap.get(cv2.CAP_PROP_FRAME_HEIGHT))
fourcc = cv2.VideoWriter_fourcc(*'MJPG')
out = cv2.VideoWriter('output.mov', fourcc, 20.0, (width,  height))
# 如果轉換成黑白影片後如果無法開啟，請加上 isColor=False 參數設定
# out = cv2.VideoWriter('output.mov', fourcc, 20.0, (width,  height),
```

```
isColor=False)
if not cap.isOpened():
    print("Cannot open camera")
    exit()
while True:
    ret, frame = cap.read()
    if not ret:
        print("Cannot receive frame")
        break
    gray = cv2.cvtColor(frame, cv2.COLOR_BGR2GRAY)  # 轉換成灰階
    out.write(gray)
    cv2.imshow('oxxostudio', gray)
    if cv2.waitKey(1) == ord('q'):
        break
cap.release()
out.release()
cv2.destroyAllWindows()
```

✣ 範例程式碼：ch03/code10.py

 get 方法可取得的影片屬性

上述的範例程式碼中，使用了 cap.get() 方法取得影片屬性，下方列出該方法可取得的屬性，以及對應的數字編號：

數字	屬性	說明
0	cv.CAP_PROP_POS_MSEC	影片目前播放的毫秒數。
1	cv.CAP_PROP_POS_FRAMES	從 0 開始的被截取或解碼的幀的索引值。
2	cv.CAP_PROP_POS_AVI_RATIO	影片播放的相對位置，0 表示開始，1 表示結束。
3	cv.CAP_PROP_FRAME_WIDTH	影片寬度。
4	cv.CAP_PROP_FRAME_HEIGHT	影片高度。
5	cv.CAP_PROP_FPS	影片幀率 fps。
6	cv.CAP_PROP_FOURCC	編解碼的的四個字元。
7	cv.CAP_PROP_FRAME_COUNT	影片總共有幾幀。
8	cv.CAP_PROP_FORMAT	影片格式。
9	cv.CAP_PROP_MODE	目前的截取模式。
10	cv.CAP_PROP_BRIGHTNESS	攝影機亮度。
11	cv.CAP_PROP_CONTRAST	攝影機對比度。
12	cv.CAP_PROP_SATURATION	攝影機飽和度。
13	cv.CAP_PROP_HUE	攝影機 HUE 色調數值。
14	cv.CAP_PROP_GAIN	攝影機圖像增益數值。
15	cv.CAP_PROP_EXPOSURE	攝影機曝光度。
16	cv.CAP_PROP_CONVERT_RGB	影片是否有轉換為 RGB。

3-5 取得影像資訊

這個小節會介紹使用 OpenCV，取得影像的長寬尺寸、以及讀取影像中某些像素的顏色數值。

shape 取得長寬與色版數量

使用 OpenCV 的 imread() 方法讀取的影像後，透過 shape 屬性，能取得影像的寬、長和色版數量，通常色版數量 (色彩通道) 會由 R、G、B 色光三原色組成，如果影像不具有三個色版，則只會取得寬與長。

```
import cv2
img = cv2.imread('meme.jpg')
print(img.shape)                # 得到 (360, 480, 3)
cv2.imshow('oxxostudio', img)
cv2.waitKey(0)                  # 按下任意鍵停止
cv2.destroyAllWindows()
```

✣ 範例程式碼：ch03/code11.py

size 取得像素總數

使用 OpenCV 的 imread() 方法讀取影像後，透過 size 屬性，能取得影像的像素總數，像素總數為「寬 x 長 x 色版數量」。

```
import cv2
img = cv2.imread('meme.jpg')
print(img.size)               # 518400 ( 360x480x3 )
cv2.imshow('oxxostudio', img)
cv2.waitKey(0)
cv2.destroyAllWindows()
```

✣ 範例程式碼：ch03/code12.py

dtype 取得數據類型

使用 OpenCV 的 imread() 方法讀取的影像後，透過 dtype 屬性，能取得影像的數據類型。

```
import cv2
img = cv2.imread('meme.jpg')
print(img.dtype)              # uint8
cv2.imshow('oxxostudio', img)
cv2.waitKey(0)
cv2.destroyAllWindows()
```

✣ 範例程式碼：ch03/code13.py

取得每個像素的色彩資訊

使用 OpenCV 的 imread() 方法讀取的影像後，**可以印出圖片的「三維陣列」資訊**，以下方的程式碼為例，可以印出一張 4x4 的圖片陣列，可以看到每一個像素都有 B、G、R 三個顏色資訊，顏色範圍均是 0 ～ 255 (範例圖片將 4x4 放大，比較容易理解)。

```
import cv2
img = cv2.imread('meme-test.png')
print(img)
cv2.imshow('oxxostudio', img)
cv2.waitKey(0)
cv2.destroyAllWindows()
```

✣ 範例程式碼：ch03/code14.py

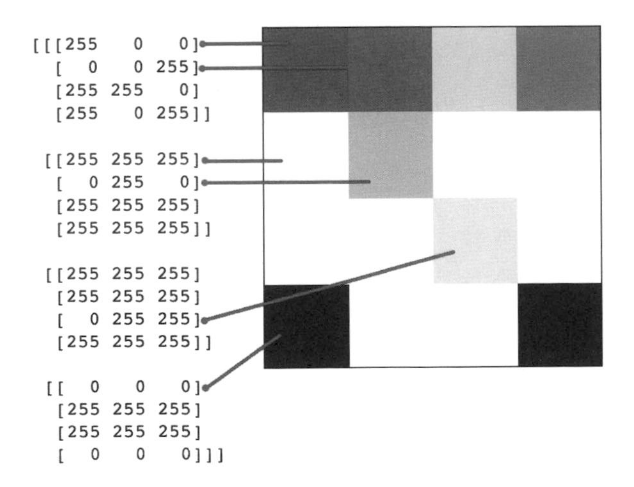

了解原理後，也可以使用變數來裝載圖片的色彩資訊。

```
import cv2
img = cv2.imread('meme-test.png')
b, g, r = cv2.split(img)
print(b)
print(g)
print(r)
cv2.imshow('oxxostudio', img)
cv2.waitKey(0)
cv2.destroyAllWindows()
```

❖ 範例程式碼：ch03/code15.py

```
[[255   0 255 255]
 [255   0 255 255]
 [255 255   0 255]
 [  0 255 255   0]]
[[  0   0 255   0]
 [255 255 255 255]
 [255 255 255 255]
 [  0 255 255   0]]
[[  0 255   0 255]
 [255   0 255 255]
 [255 255 255 255]
 [  0 255 255   0]]
```

既然能取得圖片的每個像素資訊，就能針對這些像素進行修改，舉例來說，透過陣列切片賦值的方法，就能去除圖片中的紅色、綠色或藍色。

```
import cv2
img_blue = cv2.imread('meme.jpg')
img_green = cv2.imread('meme.jpg')
img_red = cv2.imread('meme.jpg')
img_blue[:,:,1] = 0    # 將綠色設為 0
img_blue[:,:,2] = 0    # 將紅色設為 0
img_green[:,:,0] = 0   # 將藍色設為 0
img_green[:,:,2] = 0   # 將紅色設為 0
img_red[:,:,0] = 0     # 將藍色設為 0
img_red[:,:,1] = 0     # 將綠色設為 0
cv2.imshow('oxxostudio blue', img_blue)
cv2.imshow('oxxostudio green', img_green)
cv2.imshow('oxxostudio red', img_red)
cv2.waitKey(0)
cv2.destroyAllWindows()
```

✤ 範例程式碼：ch03/code16.py

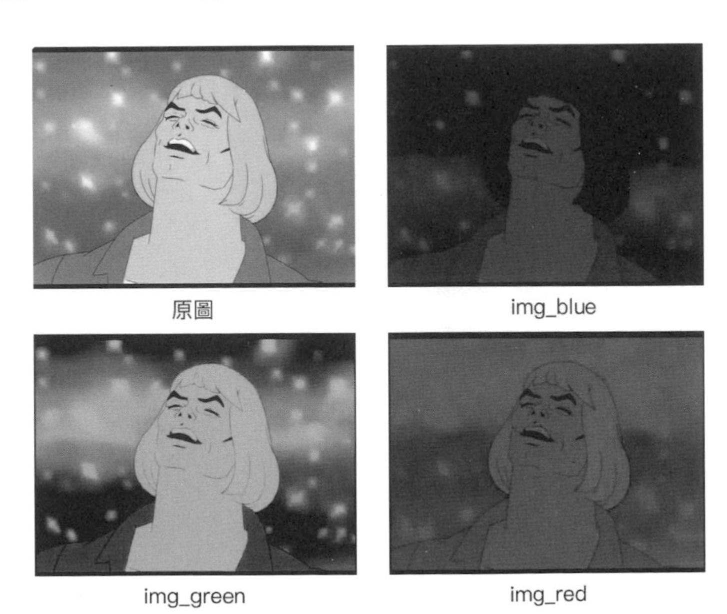

原圖　img_blue

img_green　img_red

小結

這個章節主要介紹如何使用 OpenCV 在 Python 中進行影像處理相關的操作，在學習如何使用 OpenCV 讀取和儲存圖片和影片的同時，也介紹了如何進行一些基本的視訊處理操作，透過相關的程式碼範例和解說，可以快速地學習如何使用 OpenCV 處理圖片和影片。

第 4 章

OpenCV 的影像色彩

前言

這個章節會介紹 OpenCV 在色彩處理方面的常用功能，包括色彩轉換、二值化、調整色彩亮度對比、負片轉換、圖像合成、漸層和魔術棒填充等。OpenCV 色彩處理功能對於影像處理、計算機視覺等領域都有著廣泛應用，透過這個章節的知識，可以提供開發者更多影像處理的技巧與延伸應用。

❖ 本章節的範例程式碼：
https://github.com/oxxostudio/book-code/tree/master/opencv/ch04

4-1 影像的色彩轉換

這個小節裡會介紹使用 OpenCV 的 cvtcolor() 方法，將影像的色彩模型從 RGB 轉換為灰階、HLS、HSV... 等。

色彩模型是什麼？

色彩模型 (Color model) 是一種以數字來表示色彩的數學模型，例如在 RGB 的色彩模型裡，以 (255,0,0) 表示紅色，但在 HSV 的色彩模型中，紅色則是以 (0,100,100) 來表示，用的色彩模型有：

- RGB (紅、綠、藍)

  RGB 顏色模型也稱做三原色光模型，是一種「加色」模型，將紅 (Red)、綠 (Green)、藍 (Blue) 三原色的色光以不同的比例相加，混合產生各種色彩的光線，通常表現方式會使用 (255,255,255) 或十六進位 FFFFFF 來表現。

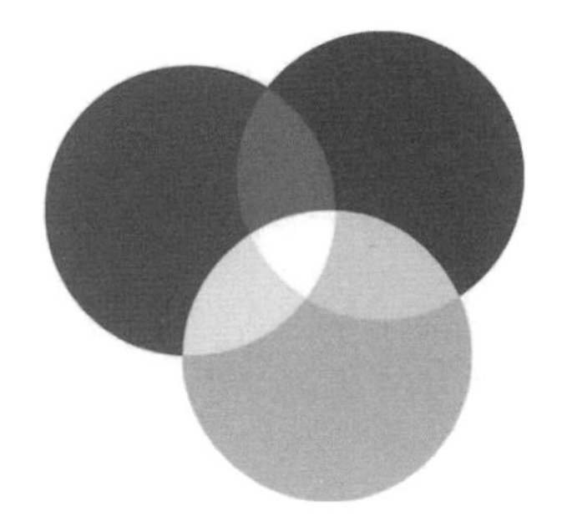

- RGBA (紅、綠、藍、alpha)

  RGBA 顏色模型由 RGB 色彩模型和 Alpha 通道組成。RGBA 代表紅 (Red)、綠 (Green)、藍 (Blue) 和 Alpha 通道，alpha 通道為影像的不透明度參數，數值可以用百分比、整數或者使用 0 到 1 的實數表示。例如，若一個像素的 Alpha 通道數值為 0% 表示完全透明的，無法被看見，如果數值為 100% 則是完全不透明。

- HSV (色相、飽和度、明度)、HSL (色相、飽和度、亮度)

HSL 和 HSV 顏色模型都是一種將 RGB 色彩模型中的顏色，轉變在圓柱坐標系中的表示法。HSL 是色相、飽和度、亮度 (Hue、Saturation、Lightness)，HSV 是色相、飽和度、明度 (Hue、Saturation、Value)，又稱 HSB (Brightness)。

HSL 和 HSV 模型都把顏色描述在圓柱坐標系內的點，這個圓柱的中心軸取值為自底部的黑色到頂部的白色而在它們中間的是灰色，繞這個軸的角度對應於「色相」，到這個軸的距離對應於「飽和度」，而沿著這個軸的高度對應於「亮度」、「色調」或「明度」。

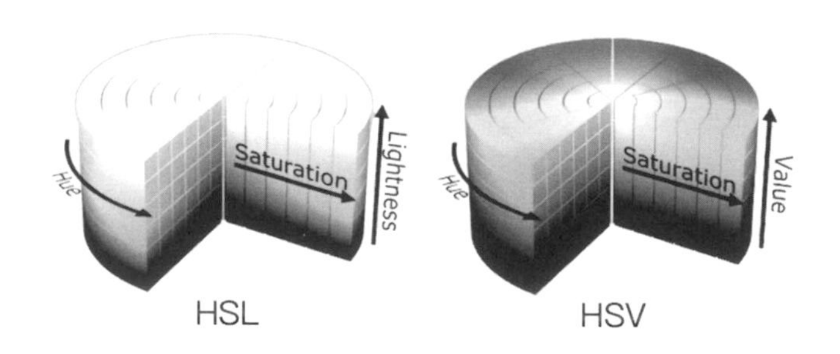

- GRAY (灰階)

灰階是每個像素只有最暗黑色到最亮的白色的灰階，灰階影像在黑色與白色之間還有許多級的顏色深度，用於顯示的灰階影像，通常用每個採樣像素 8bits 的非線性尺度，內容可以包含 256 種灰階 (8bits 表示 2 的 8 次方 = 256)。

256 Levels
32 Levels
16 Levels

cvtcolor() 色彩轉換

使用 OpenCV 的 cvtcolor() 方法，可以將轉換影像色彩，使用方法如下：

```
cv2.cvtColor(img, code)
# img 來源影像
# code 要轉換的色彩空間名稱
```

常用的色彩空間代碼如下：

代碼	說明
cv2.COLOR_BGR2BGRA	RGB 轉 RGBA。
cv2.COLOR_BGRA2BGR	RGBA 轉 RGB。
cv2.COLOR_BGR2GRAY	RGB 轉灰階。
cv2.COLOR_BGR2HSV	RGB 轉 HSV。
cv2.COLOR_RGB2HLS	RGB 轉 RSL。

下方的程式碼執行後，會將來源的彩色圖片，轉換成灰階影像。

```
import cv2
img = cv2.imread('meme.jpg')
img = cv2.cvtColor(img, cv2.COLOR_BGR2GRAY)   # 轉換成灰階影像
cv2.imwrite('oxxo', img)
cv2.waitKey(0)                                # 按下任意鍵停止
cv2.destroyAllWindows()
```

✤ 範例程式碼：ch04/code01.py

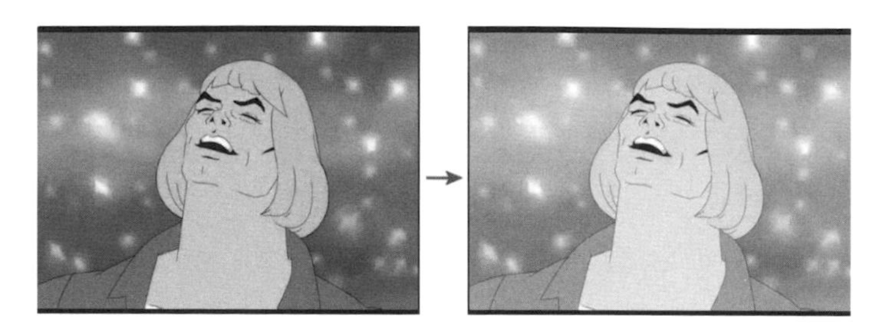

下方的程式碼執行後，會將來源的彩色影片，轉換成灰階影片。

```
import cv2
cap = cv2.VideoCapture(0)
if not cap.isOpened():
    print("Cannot open camera")
    exit()
while True:
    ret, frame = cap.read()
    if not ret:
        print("Cannot receive frame")
        break
    gray = cv2.cvtColor(frame, cv2.COLOR_BGR2GRAY)  # 轉換成灰階影像
    cv2.imshow('oxxostudio', gray)
    if cv2.waitKey(1) == ord('q'):
        break      # 按下 q 鍵停止
cap.release()
cv2.destroyAllWindows()
```

✜ 範例程式碼：ch04/code02.py

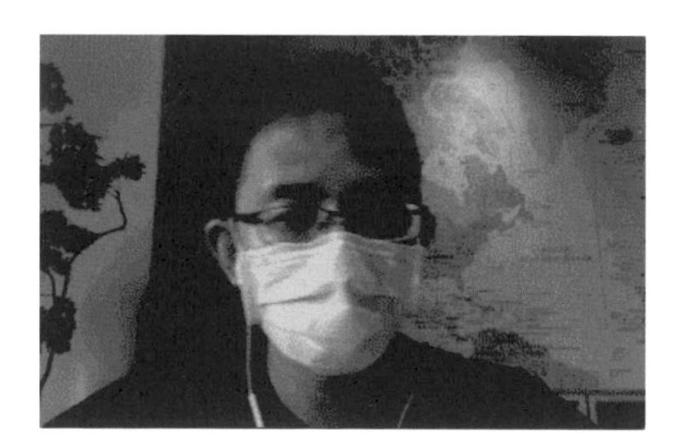

4-2 影像的負片效果

這個小節會使用 OpenCV 調整和改變影像的顏色，實現影像的負片效果，再透過遮罩的方法，實現一半負片一半正常畫面的效果。

什麼是負片效果？

使用底片拍攝時，因為記錄在底片上的明暗與色調與原來景色相反，所以在底片上的影像稱之為「負像」（negative，相反的影像），而負片就是「記錄負像的底片」，負片效果則是「模擬負片的視覺效果」。

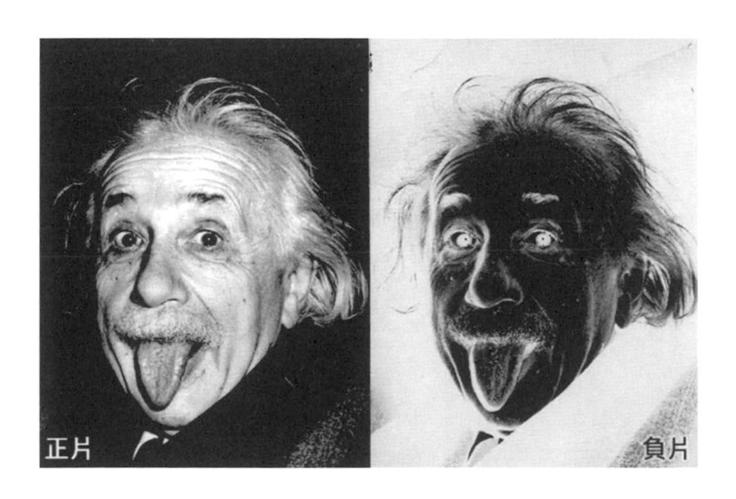

影像的負片效果

因為負片的原理是「相反」，所以只要用 255 的數值，減去圖片中每個像素的 RGB 顏色，就能夠得到該像素的相反數值，下方的程式一開始運用 img.shape 取得圖片尺寸，接著使用 for 迴圈，將每個像素的顏色變成相反的數值。

```
import cv2
img = cv2.imread('mona.jpg')
rows = img.shape[0]      # 取得高度的總像素
```

```
cols = img.shape[1]       # 取得寬度的總像素

for row in range(rows):
    for col in range(cols):
        img[row, col, 0] = 255 - img[row, col, 0]   # 255 - 藍色
        img[row, col, 1] = 255 - img[row, col, 1]   # 255 - 綠色
        img[row, col, 2] = 255 - img[row, col, 2]   # 255 - 紅色

cv2.imshow('oxxostudio', img)
cv2.waitKey(0)            # 按下任意鍵停止
cv2.destroyAllWindows()
```

✜ 範例程式碼：ch04/code03.py

特定區域套用負片效果

延伸前一段程式碼，改變 for 迴圈裡的 rows 為一半的數值 int(rowss/2)，就能做到上半部為負片效果的影像。

```
import cv2
img = cv2.imread('mona.jpg')
rows = img.shape[0]
cols = img.shape[1]

for row in range(int(rows/2)):  # 只取 rows 的一半 ( 使用 int 取整數 )
    for col in range(cols):
```

```
        img[row, col, 0] = 255 - img[row, col, 0]
        img[row, col, 1] = 255 - img[row, col, 1]
        img[row, col, 2] = 255 - img[row, col, 2]

cv2.imshow('oxxostudio', img)
cv2.waitKey(0)
cv2.destroyAllWindows()
```

✣ 範例程式碼：ch04/code04.py

更快更好的負片效果做法

因為 OpenCV 開啟的影像是 Numpy 陣列，所以可以直接使用 NumPy 陣列廣播的方式，一次套用「255-n」的公式到陣列中所有的元素，下方的程式碼只使用了一行 255-img，就能做到迴圈所產生的負片效果。

```
import cv2
img = cv2.imread('mona.jpg')
```

```
img = 255-img # 使用 255 減去陣列中所有數值

cv2.imshow('oxxostudio', img)
cv2.waitKey(0)
cv2.destroyAllWindows()
```

✜ 範例程式碼：ch04/code05.py

4-3 調整影像的對比和亮度

這個小節會介紹使用 OpenCV 搭配 NumPy，調整影像的對比度和亮度，除此之外，也會使用 convertScaleAbs() 進行加強影像的效果。

搭配 NumPy 調整對比度和亮度

在 OpenCV 裡讀取的影像，實質上是 NumPy 的陣列，因此在讀取影像後，透過 NumPy「陣列廣播」的功能，就能迅速更改圖片中每個像素的顏色，下方的例子，使用了簡單的轉換公式，只要調整 contrast (對比) 和 brightness (亮度) 的數值，就能改變影像的對比度和亮度。

```
import cv2
import numpy as np
img = cv2.imread('mona.jpg')

contrast = 200
brightness = 0
output = img * (contrast/127 + 1) - contrast + brightness # 轉換公式
# 轉換公式參考 https://stackoverflow.com/questions/50474302/how-do-i-adjust-
brightness-contrast-and-vibrance-with-opencv-python

# 調整後的數值大多為浮點數，且可能會小於 0 或大於 255
# 為了保持像素色彩區間為 0～255 的整數，所以再使用 np.clip() 和 np.uint8() 進
行轉換
output = np.clip(output, 0, 255)
output = np.uint8(output)

cv2.imshow('oxxostudio1', img)     # 原始圖片
cv2.imshow('oxxostudio2', output) # 調整亮度對比的圖片
cv2.waitKey(0)                     # 按下任意鍵停止
cv2.destroyAllWindows()
```

✤ 範例程式碼：ch04/code06.py

原圖

對比 200，亮度 0

下圖為五張不同亮度和對比所產生的圖片效果。

原圖　對比 0，亮度 -50　對比 0，亮度 50

對比 -50，亮度 0　對比 200，亮度 0　對比 100，亮度 50

使用 convertScaleAbs() 加強影像

使用 OpenCV 的 blur() 方法，可以根據特定的公式，轉換影像中每個像素，使用方法如下：

```
cv2.convertScaleAbs(img, output, alpha, beta)
# img 來源影像
# output 輸出影像，公式：output = img*alpha + beta
# alpha, beta 公式中的參數
```

下方的程式碼執行後，就會套用特定的參數進行加強影像的效果。

```
import cv2
import numpy as np
img = cv2.imread('mona.jpg')
```

```
output = img    # 建立 output 變數

alpha = 1
beta = 10

cv2.convertScaleAbs(img, output, alpha, beta)  # 套用 convertScaleAbs
cv2.imshow('oxxostudio', output)
cv2.waitKey(0)      # 按下任意鍵停止
cv2.destroyAllWindows()
```

✤ 範例程式碼：ch04/code07.py

原圖

alpha = 2, beta = 10

4-4 二值化黑白影像

這個小節會介紹如何運用 OpenCV 裡的 threshold() 方法，影像轉換為二值化的黑白影像，進一步使用 adaptiveThreshold() 自適應二值化的方法，產生效果更好的黑白影像。

什麼是二值化 (閾值二進制) ?

二值化又稱為「閾值二進制」(閾發音 ㄩˋ)，是一種簡單的圖像分割方法，二值化會根據「閾值」(類似臨界值) 進行轉換，**例如某個像素的灰度值大於閾值，則轉換為黑色，如果這個像素的灰度小於閾值則轉換為白**

色，進而實現二值化的轉換效果，經過二值化轉換的圖片，通常只會剩下黑和白兩個值。

許多影像辨識或影像處理的領域 (例如輪廓偵測、邊緣偵測 ... 等)，都會使用二值化影像進行運算，有些影像處理甚至會先將圖片二值化後，再進行後續的計算處理。

threshold() 產生黑白影像

threshold() 方法可以將灰階的影像，以二值化的方式轉換成黑白影像，使用方法如下：

```
ret, output = cv2.THRESH_BINARY(img, thresh, maxval, type)
# ret 是否成功轉換，成功 True，失敗 False
# img 來源影像
# thresh 閾值，通常設定 127
# maxval 最大灰度，通常設定 255
# type 轉換方式
```

threshold() 方法有下列幾種轉換方式，使用 127 和 255 作為說明範例：

轉換方式	說明
cv2.THRESH_BINARY	如果大於 127 就等於 255，反之等於 0。
cv2.THRESH_BINARY_INV	如果大於 127 就等於 0，反之等於 255。
cv2.THRESH_TRUNC	如果大於 127 就等於 127，反之數值不變。
cv2.THRESH_TOZERO	如果大於 127 數值不變，反之數值等於 0。
cv2.THRESH_TOZERO_INV	如果大於 127 等於 0，反之數值不變。

下方的程式執行後，會將一張黑白漸層的圖片，根據不同的轉換方式，轉換成二值化的黑白圖片 (注意，轉換前都要先將圖片轉換成灰階色彩)。

✥ 範例圖片下載：https://steam.oxxostudio.tw/download/python/opencv-threshold-gradient.png

```
import cv2
img = cv2.imread('gradient.png')
img_gray = cv2.cvtColor(img, cv2.COLOR_BGR2GRAY);
# 轉換前，都先將圖片轉換成灰階色彩
ret, output1 = cv2.threshold(img_gray, 127, 255, cv2.THRESH_BINARY)
# 如果大於
127 就等於
255，反之等於 0。
ret, output2 = cv2.threshold(img_gray, 127, 255, cv2.THRESH_BINARY_INV)
# 如果大於
127 就等於
0，反之等於 255。
ret, output3 = cv2.threshold(img_gray, 127, 255, cv2.THRESH_TRUNC)
# 如果大於
127 就等於
127，反之數值不變。
ret, output4 = cv2.threshold(img_gray, 127, 255, cv2.THRESH_TOZERO)
# 如果大於
127 數值不變，
反之數值等於 0。
ret, output5 = cv2.threshold(img_gray, 127, 255, cv2.THRESH_TOZERO_INV)
# 如果大於
127 等於 0，
反之數值不變。

cv2.imshow('oxxostudio', img)
cv2.imshow('oxxostudio1', output1)
cv2.imshow('oxxostudio2', output2)
cv2.imshow('oxxostudio3', output3)
cv2.imshow('oxxostudio4', output4)
cv2.imshow('oxxostudio5', output5)
cv2.waitKey(0)     # 按下任意鍵停止
cv2.destroyAllWindows()
```

✥ 範例程式碼：ch04/code08.py

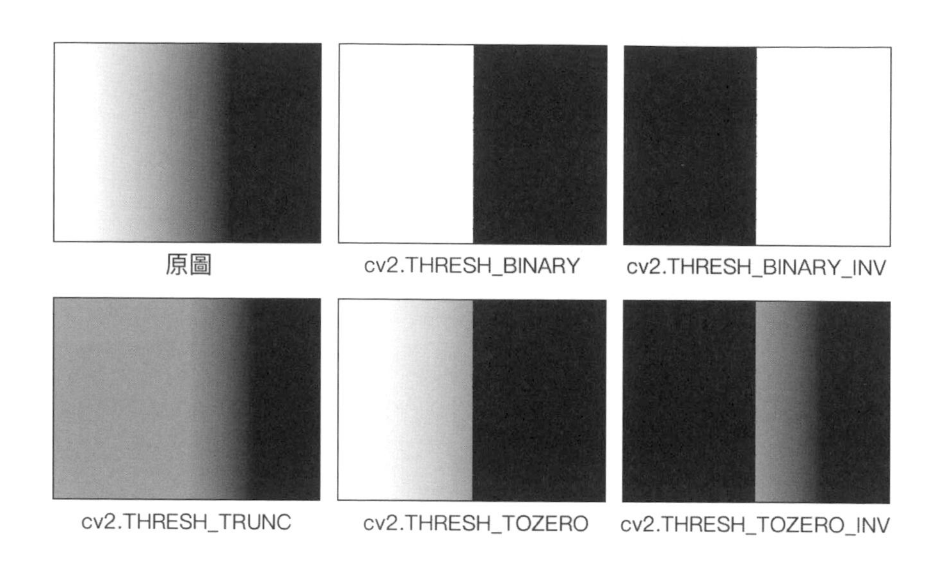

adaptiveThreshold() 自適應二值化

使用 threshold() 方法轉換灰階的影像時，必須手動設定灰度和閾值，比較適合內容較單純的影像，如果遇到內容比較複雜的影像，每個像素間可能都有關連性，這時就可以使用 adaptiveThreshold() 方法，進行自適應二值化的轉換，自適應二值化可以根據指定大小的區域平均值，或是整體影像的高斯平均值，判斷所需的灰度和閾值，進而產生更好的轉換效果。

adaptiveThreshold() 的使用方法如下：

```
cv2.adaptiveThreshold(img, maxValue, adaptiveMethod, thresholdType,
        blockSize, C)
# img 來源影像
# maxValue 最大灰度，通常設定 255
# adaptiveMethod 自適應二值化計算方法
# thresholdType 二值化轉換方式
# blockSize 轉換區域大小，通常設定 11
# C 偏移量，通常設定 2
```

使用時 thresholdType 為二值化轉換方式，可以參考上方轉換方式列表，adaptiveMethod 自適應二值化計算方法有兩種，分別是：

自適應二值化方法	說明
cv2.ADAPTIVE_THRESH_MEAN_C	使用區域平均值。
cv2.ADAPTIVE_THRESH_GAUSSIAN_C	使用整體高斯平均值。

下方的程式執行後，會將一張數獨的照片，根據不同的自適應二值化轉換方式，轉換成黑白圖片 (注意，轉換前都要先將圖片轉換成灰階色彩)。

✣ 範例圖片下載：https://steam.oxxostudio.tw/download/python/opencv-threshold-test.jpg

```
import cv2
img = cv2.imread('test.jpg')
img_gray = cv2.cvtColor(img, cv2.COLOR_BGR2GRAY);
   # 轉換前，都先將圖片轉換成灰階色彩
ret, output1 = cv2.threshold(img_gray, 127, 255, cv2.THRESH_BINARY)
output2 = cv2.adaptiveThreshold(img_gray, 255, cv2.ADAPTIVE_THRESH_
MEAN_C, cv2.
THRESH_BINARY, 11, 2)
output3 = cv2.adaptiveThreshold(img_gray, 255, cv2.ADAPTIVE_THRESH_
GAUSSIAN_C,
cv2.THRESH_BINARY, 11, 2)

cv2.imshow('oxxostudio', img)
cv2.imshow('oxxostudio1', output1)
cv2.imshow('oxxostudio2', output2)
cv2.imshow('oxxostudio3', output3)
cv2.waitKey(0)
cv2.destroyAllWindows()
```

✣ 範例程式碼：ch04/code09.py

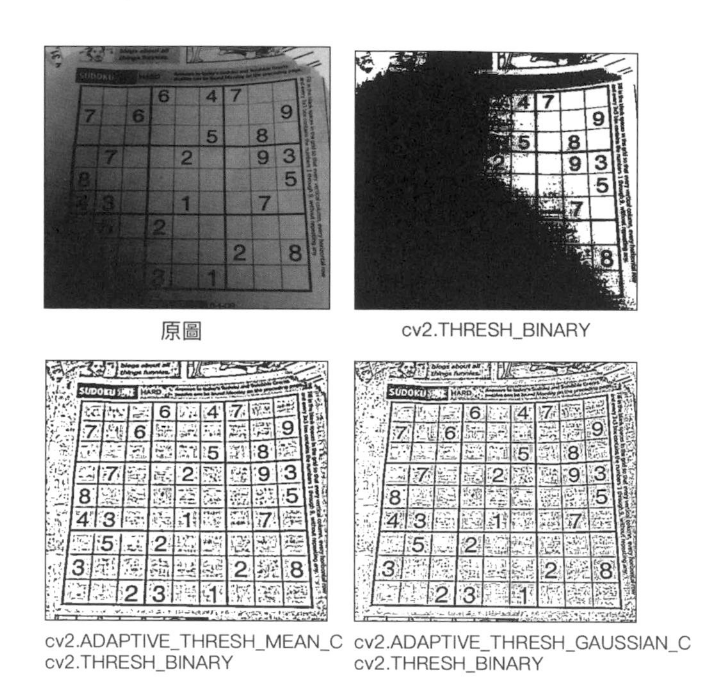

原圖　cv2.THRESH_BINARY

cv2.ADAPTIVE_THRESH_MEAN_C cv2.THRESH_BINARY　cv2.ADAPTIVE_THRESH_GAUSSIAN_C cv2.THRESH_BINARY

如果要降低圖片的雜訊，可以使用 cv2.medianBlur() 先將圖片模糊化，下方的範例可以看見有模糊化和沒有模糊化的差異：

```
import cv2
img = cv2.imread('test.jpg')
img_gray = cv2.cvtColor(img, cv2.COLOR_BGR2GRAY);
output1 = cv2.adaptiveThreshold(img_gray, 255, cv2.ADAPTIVE_THRESH_
GAUSSIAN_C,
cv2.THRESH_BINARY, 11, 2)
img_gray2 = cv2.medianBlur(img_gray, 5)   # 模糊化
output2 = cv2.adaptiveThreshold(img_gray2, 255, cv2.ADAPTIVE_THRESH_
GAUSSIAN_C,
cv2.THRESH_BINARY, 11, 2)

cv2.imshow('oxxostudio1', output1)
cv2.imshow('oxxostudio2', output2)
cv2.waitKey(0)
cv2.destroyAllWindows()
```

✜ 範例程式碼：ch04/code10.py

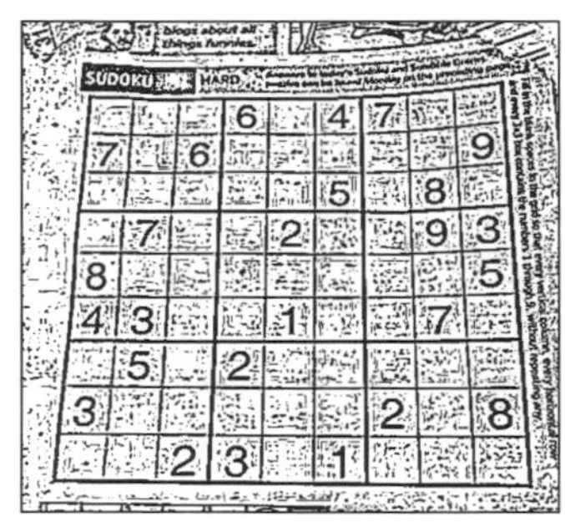

沒有模糊化

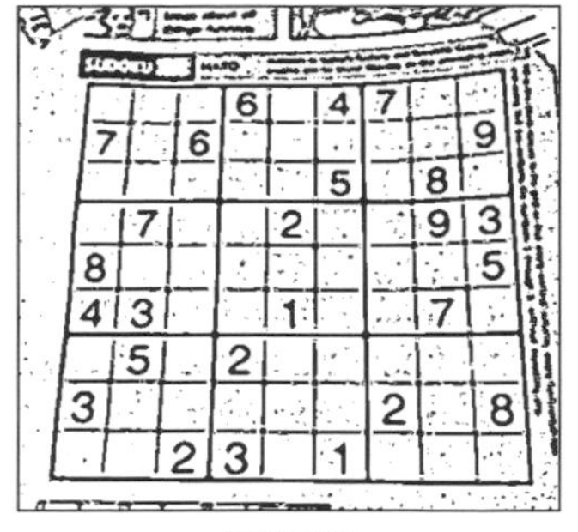

有模糊化

影片的二值化黑白效果

延伸「3-3、讀取並播放影片」文章的範例，在程式碼中使用自適應二值化方法，就能將電腦鏡頭拍攝的畫面，即時轉換成二值化黑白的影像。

```
import cv2
cap = cv2.VideoCapture(0)
if not cap.isOpened():
    print("Cannot open camera")
    exit()
while True:
    ret, frame = cap.read()
    if not ret:
        print("Cannot receive frame")
        break
    # 套用自適應二值化黑白影像
    img_gray = cv2.cvtColor(frame, cv2.COLOR_BGR2GRAY);
    img_gray = cv2.medianBlur(img_gray, 5)
    output = cv2.adaptiveThreshold(img_gray, 255, cv2.ADAPTIVE_THRESH_
GAUSSIAN_C,
cv2.THRESH_BINARY, 11, 2)
    cv2.imshow('oxxostudio', output)
    if cv2.waitKey(1) == ord('q'):
        break       # 按下 q 鍵停止
cap.release()
cv2.destroyAllWindows()
```

✤ 範例程式碼：ch04/code11.py

4-5 影像的疊加與相減

這個小節會介紹使用 OpenCV 的 add()、addWeighted() 和 subtract() 方法，將不同的影像疊加或相減後，變成新的影像。

add() 影像疊加

使用 OpenCV 的 add() 方法，可以將不同的影像中，同樣位置像素的顏色數值相加，例如圖片 A 某個像素為 (255,0,0) 藍色，圖片 B 為 (0,255,255) 黃色，疊加在一起後就會變成白色 (255,255,255)，疊加後最大的數值為 255，下方的例子，會將三張圖片疊加成一張圖片。

```
import cv2
img_red = cv2.imread('test-red.png')
img_green = cv2.imread('test-green.png')
img_blue = cv2.imread('test-blue.png')

output = cv2.add(img_red, img_green)   # 疊加紅色和綠色
output = cv2.add(output, img_blue)     # 疊加藍色

cv2.imshow('oxxostudio', output)
cv2.waitKey(0)      # 按下任意鍵停止
cv2.destroyAllWindows()
```

✤ 範例程式碼：ch04/code12.py

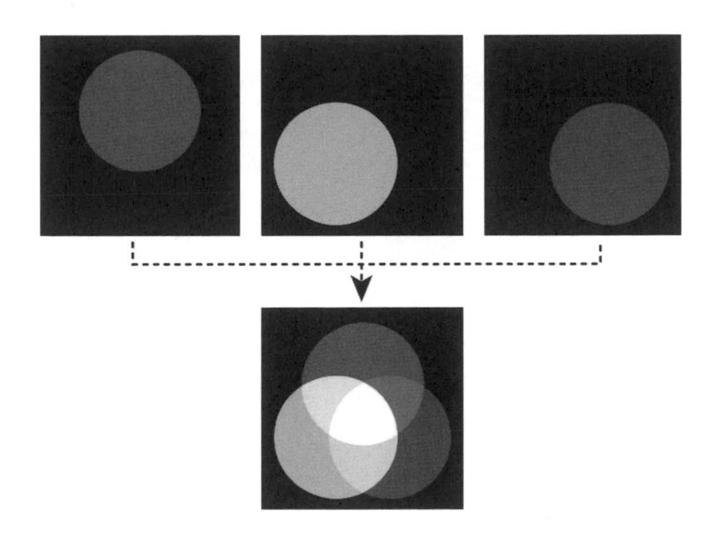

addWeighted() 影像權重疊加

使用 OpenCV 的 addWeighted() 方法，可以將不同的影像中，同樣位置像素的顏色數值，以「指定的權重」(0～1) 進行相加，相加後，就會產生類似半透明的效果，使用方法如下：

```
cv2.addWeighted(img1, alpha, img2, beta, gamma)
# img1 第一張圖
# img2 第二張圖
# 計算公式：img1*alpha + img2*beta + gamma
```

下方的例子，會將兩張圖片以權重疊加的方式，組合成一張新的圖片。

```
import cv2
img = cv2.imread('meme.jpg')
logo = cv2.imread('opencv-logo.jpg')
output = cv2.addWeighted(img, 0.5, logo, 0.3, 50)

cv2.imshow('oxxostudio', output)
cv2.waitKey(0)       # 按下任意鍵停止
cv2.destroyAllWindows()
```

✤ 範例程式碼：ch04/code13.py

subtract() 影像相減

使用 OpenCV 的 subtract() 方法，可以將不同的影像中，同樣位置像素的顏色數值相減，例如圖片 A 某個像素的顏色為 (255,255,255) 白色，圖片 B 為 (0,255,255) 黃色，相減後就會變成紅色 (255,0,0)，疊加後最大的數值為 255，下方的例子，會將兩張圖片相減成一張圖片，相減後，白色因為減去了黃色 (255,255,255 - 0,255,255)，就只剩下了藍色，而綠色因為減去黃色 (0,255,0 - 0,255,255)，就變成黑色。

```
import cv2
img = cv2.imread('test.png')
img2 = cv2.imread('test2.png')
output = cv2.subtract(img, img2)  # 相減
cv2.imwrite('output.png', output)
cv2.waitKey(0)        # 按下任意鍵停止
cv2.destroyAllWindows()
```

✜ 範例程式碼：ch04/code14.py

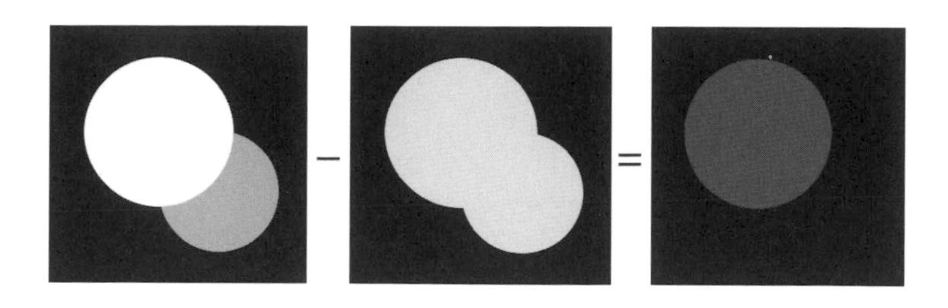

影片的影像疊加

延伸「3-4、讀取並播放影片」和「5-1、翻轉影片、改變影片尺寸」文章的範例，在程式碼中使用 addWeighted() 方法，就能將電腦鏡頭拍攝的畫面，即時和其他圖片疊加。

```
import cv2
cap = cv2.VideoCapture(0)
logo = cv2.imread('opencv-logo.jpg')
if not cap.isOpened():
    print("Cannot open camera")
    exit()
while True:
    ret, frame = cap.read()
    if not ret:
        print("Cannot receive frame")
        break
    img_1 = cv2.resize(frame,(480, 360))      # 改變影像尺寸，符合疊加的圖片
    output = cv2.addWeighted(img_1, 0.5, logo, 0.3, 50)   # 疊加圖片
    cv2.imshow('oxxostudio', output)
    if cv2.waitKey(1) == ord('q'):
        break       # 按下 q 鍵停止
cap.release()
cv2.destroyAllWindows()
```

✜ 範例程式碼：ch04/code15.py

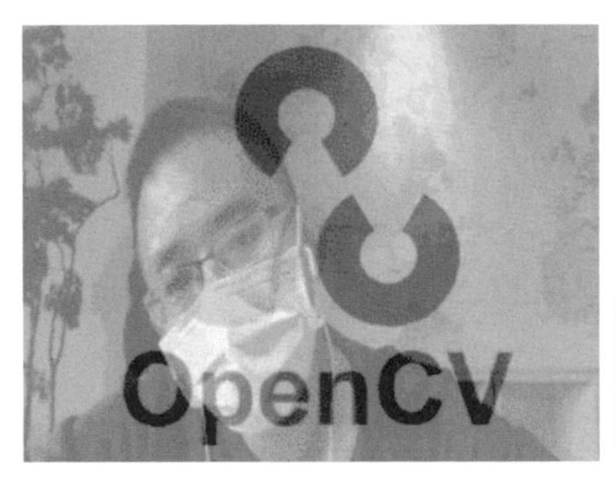

（掃描 QRCode 可以觀看效果）

4-6 線性漸層填色

這個小節會介紹使用 OpenCV 搭配 NumPy，產生線性漸層填色 (實色漸層、半透明漸層) 的圖像。

產生實色線性漸層

通常一般的圖片在程式的結構裡，都是使用「三維陣列」表現。

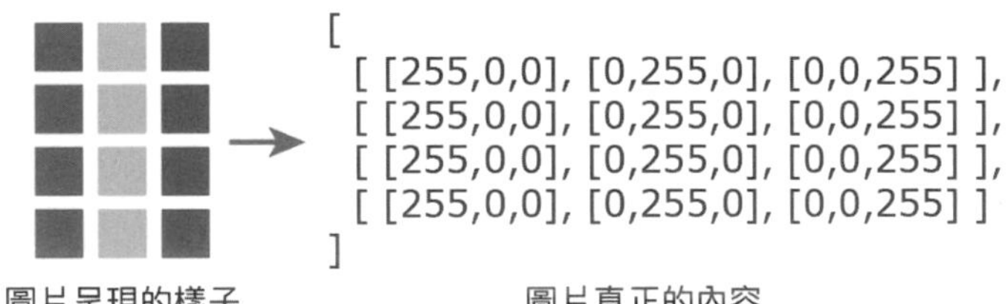

圖片呈現的樣子　　圖片真正的內容

因此可以使用 NumPy 的 zeros 方法，快速產生一個全黑的三維陣列，搭配 for 迴圈與 NumPy 的陣列賦值機制，就能快速產生漸層陣列，由於 NumPy 陣列內容預設為 64 位 float 類型，而 OpenCV 的 imshow 不能印出該類型，必須經過「astype('float32')/255」轉換後才能正常顯示 (如果使用 imwrite 儲存則沒有影響)，下方的程式碼執行後，會產生從上往下的綠色漸層。

✤ 延伸參考：https://steam.oxxostudio.tw/category/python/numpy/array-assignment.html

```
import cv2
import numpy as np

w, h = 400, 400
img1 = np.zeros([h,w,3])
for i in range(h):
    img[i,:,1] = int(256*i/400)    # 從上往下填入綠色漸層

img = img.astype('float32')/255    # 轉換內容類型

cv2.imshow('oxxostudio', img)
cv2.waitKey(0)                     # 按下任意鍵停止
cv2.destroyAllWindows()
```

✤ 範例程式碼：ch04/code16.py

下方的程式碼執行後，會產生左上到右下的紫色漸層。

```
import cv2
import numpy as np

w = 400
h = 400
img = np.zeros([h,w,3])
for i in range(h):
```

```
    for j in range(w):
        img[i,j,0] = int(256*(j+i)/(w+h))
        img[i,j,2] = int(256*(j+i)/(w+h))

img = img.astype('float32')/255

cv2.imshow('oxxostudio', img)

cv2.waitKey(0)
cv2.destroyAllWindows()
```

✜ 範例程式碼：ch04/code17.py

產生半透明線性漸層

如果將圖片像素陣列改成四個項目，就可以加入透明度的色版 (alpha channel)，透明度範圍從 0 ～ 255，0 表示全透明，255 表示不透明，儲存為 png 格式就可以看到半透明的漸層，下方的程式碼會產生從上往下黑色到透明的漸層。

```
import cv2
import numpy as np

w = 400
h = 400
img = np.zeros([h,w,4])              # 第三個值為 4
for i in range(h):
    img[i,:,3] = int(256*i/400)      # 設定第四個值 ( 透明度 )

img = img.astype('float32')/255
```

```
cv2.imwrite('oxxostudio.png', img)  # 儲存為 png

cv2.waitKey(0)
cv2.destroyAllWindows()
```

✣ 範例程式碼：ch04/code18.py

4-7 將指定的顏色變透明

這個小節會介紹使用 OpenCV 讀取影像，將影像轉換成具有透明色版 (alpha channel) 的顏色模式後，將某些指定的顏色換成透明，做到在單色背景中去背的影像效果。

開啟圖片，轉換色彩

使用 imread() 的 cv2.IMREAD_UNCHANGED 參數開啟圖片，可以開啟原本帶有透明色版 (alpha channel) 的圖片，下方的例子，img1 是一張帶有透明色版的 png，img2 是一張沒有透明色版的 jpg，開啟圖片後使用 img.shape 就能看到第三個數值有所不同。

```
import cv2
img1 = cv2.imread('test.jpg', cv2.IMREAD_UNCHANGED)
img2 = cv2.imread('test.png', cv2.IMREAD_UNCHANGED)
print(img1.shape)    # (400, 300, 3)  JPG 只有三個色版 BGR
```

```
print(img2.shape)     # (400, 300, 4)  PNG 四個色版 GRA
```

✜ 範例程式碼：ch04/code19.py

除了直接開啟帶有透明色版的圖片，也可使用 cv2.cvtColor 的方法，將沒有包含透明色版的圖片，轉換為帶有透明色版的 BGRA 色彩模式。

```
import cv2
img = cv2.imread('test.jpg', cv2.IMREAD_UNCHANGED)
img = cv2.cvtColor(img, cv2.COLOR_BGR2BGRA)  # 轉換成 BGRA 色彩模式
print(img.shape)                             # (400, 300, 4)  第三個數值變成 4
```

✜ 範例程式碼：ch04/code20.py

將指定的顏色變成透明

影像中透明色版區間為 0 ～ 255，0 表示全透明，255 表示不透明，因此只要將指定顏色的透明色版設定為 0，就能讓該顏色變成透明，下方的程式碼執行後，會將 opencv logo 圖檔中的白色去除變成透明，最後儲存為背景透明的 png。

> ✜ 範例圖片下載：https://steam.oxxostudio.tw/download/python/opencv-transparent-logo.jpg

```
import cv2
img = cv2.imread('logo.jpg', cv2.IMREAD_UNCHANGED)   # 開啟圖片
img = cv2.cvtColor(img, cv2.COLOR_BGR2BGRA)# 因為是 jpg，要轉換顏色為 BGRA
gray = cv2.cvtColor(img, cv2.COLOR_BGR2GRAY)
                                          # 新增 gray 變數為轉換成灰階的圖片

h = img.shape[0]       # 取得圖片高度
w = img.shape[1]       # 取得圖片寬度

# 依序取出圖片中每個像素
for x in range(w):
    for y in range(h):
        if gray[y, x]>200:
```

```
            img[y, x, 3] = 255 - gray[y, x]
            # 如果該像素的灰階度大於 200，調整該像素的透明度
            # 使用 255 - gray[y, x] 可以將一些邊緣的像素變成半透明，避免太過
                                    鋸齒的邊緣

cv2.imwrite('oxxostudio.png', img)     # 存檔儲存為 png
cv2.waitKey(0)                         # 按下任意鍵停止
cv2.destroyAllWindows()
```

✤ 範例程式碼：ch04/code21.py

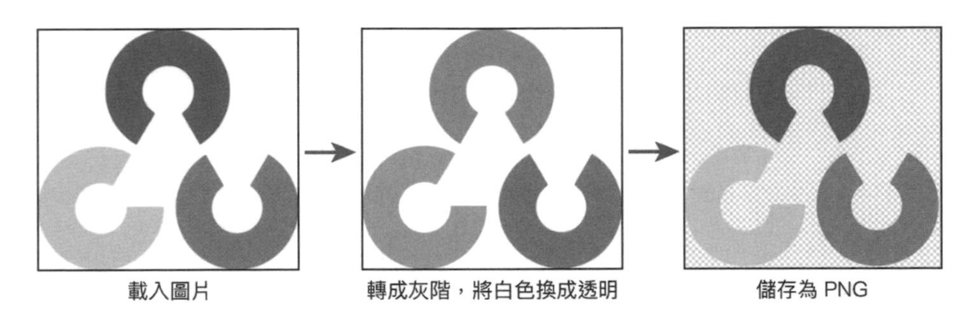

使用同樣的方法，也可以將某個顏色置換為另外一種顏色，下方的程式碼會將白色部分置換為黃色。

```
import cv2
img = cv2.imread('logo.jpg', cv2.IMREAD_UNCHANGED)
img = cv2.cvtColor(img, cv2.COLOR_BGR2BGRA)
gray = cv2.cvtColor(img, cv2.COLOR_BGR2GRAY)

h = img.shape[0]
w = img.shape[1]

for x in range(w):
    for y in range(h):
        if gray[y, x]>200:
            img[y, x] = [0,255,255,255]  # 換成黃色

cv2.imwrite('oxxostudio.png', img)
cv2.waitKey(0)
cv2.destroyAllWindows()
```

✤ 範例程式碼：ch04/code22.py

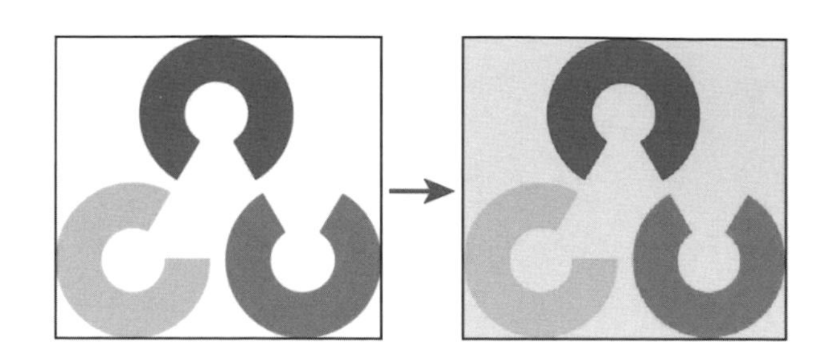

圖片去背，加上其他背景圖

下方的程式碼運用同樣的原理，將背景單純的物體去背（去除背景），然後再與其他圖片進行重疊合成。

> ✤ 範例圖檔下載：https://steam.oxxostudio.tw/download/python/opencv-transparent-goku.jpg、https://steam.oxxostudio.tw/download/python/opencv-transparent-windows-bg.jpg

```
import cv2
bg = cv2.imread('bg.jpg', cv2.IMREAD_UNCHANGED)       # 開啟背景圖
bg = cv2.cvtColor(bg, cv2.COLOR_BGR2BGRA)             # 轉換成 BGRA

img = cv2.imread('goku.jpg', cv2.IMREAD_UNCHANGED)    # 開啟悟空公仔圖
img = cv2.cvtColor(img, cv2.COLOR_BGR2BGRA)           # 轉換成 BGRA

h = img.shape[0]              # 取得圖片高度
w = img.shape[1]              # 取得圖片寬度

for x in range(w):
    for y in range(h):
        r = img[y, x, 2]    # 取得該像素的紅色值
        g = img[y, x, 1]    # 取得該像素的綠色值
        b = img[y, x, 0]    # 取得該像素的藍色值
        if r>20 and r<80 and g<190 and g>110 and b<150 and b>60:
            img[y, x] = bg[y, x]    # 如果在範圍內的顏色，換成背景圖的像素值

cv2.imwrite('oxxostudio.png', img)
cv2.waitKey(0)
```

```
cv2.destroyAllWindows()
```

❖ 範例程式碼：ch04/code23.py

4-8 魔術棒填充顏色

這個小節會介紹 OpenCV 的 floodFill 方法 (洪水填充、魔術棒填充)，透過這個方法，可以將影像中某個像素周圍顏色類似的像素，填滿相同的顏色，實現類似 Photoshop 或其他繪圖軟體中的「魔術棒填充」功能。

floodFill 的用法

floodFill 方法可以將影像中某個像素周圍顏色類似的像素 (定義顏色最高與最低之間的範圍)，填滿相同的顏色，使用後會直接改變來源影像，使用方法如下：

```
cv2.floodFill(img, mask, seedPoint, newVal, loDiff, upDiff, flags)
```

相關參數說明如下：

參數	說明
img	要改變的影像。
mask	遮罩，大小必須為影像的長寬 +2。
seedPoint	像素座標 (x, y)。
newVal	新的填色 (不支援透明度)。

參數	說明
loDiff	顏色數值往下的差異範圍。
upDiff	顏色數值往上的差異範圍。
flags	cv2.FLOODFILL_FIXED_RANGE 套用到原始圖片 (填滿對應 mask 中顏色為 0 的部分)，FLOODFILL_MASK_ONLY 套用到 mask。

使用 floodFill 快速填色

為了避免使用後改變了原始影像 (使用 floodFill 會直接改變原始影像)，可以額外定義一個函式進行處理，函式一開始先複製來源影像，處理後再將影像回傳，處理的過程如下：

- seedPoint 取得影像 (100, 10) 位置的顏色資訊。
- newVal 預備將類似 (並連結在一起) 的顏色換成紅色 (0,0,255)。
- 顏色範圍往下藍色 100，綠色 100，紅色 60，例如原始顏色 (100,100,100)，則往下到 (0,0,40) 都會被選取。
- 顏色範圍往上藍色 100，綠色 100，紅色 100，例如原始顏色 (100,100,100)，則往下到 (200,200,200) 都會被選取。

```
import cv2
import numpy as np

img = cv2.imread('japan.jpeg')

def floodFill(source, mask, seedPoint, newVal, loDiff, upDiff, flags=cv2.
FLOODFILL_FIXED_RANGE):
    result = source.copy()
    cv2.floodFill(result, mask=mask, seedPoint=seedPoint, newVal=newVal,
loDiff=loDiff,
upDiff=upDiff, flags=flags)
    return result

h, w = img.shape[:2]                         # 取得原始影像的長寬
mask = np.zeros((h+2,w+2,1), np.uint8)    # 製作 mask，長寬都要加上 2
output = floodFill(img, mask, (100,10), (0,0,255), (100,100,60),
```

```
(100,100,100))

cv2.imshow('oxxostudio', output)
cv2.waitKey(0)
cv2.destroyAllWindows()
```

❖ 範例程式碼：ch04/code24.py

完成後執行，就可以看到影像的某一部分變成了紅色。

延續上方的程式，如果遮罩中有白色有黑色，則會填滿對應到黑色的區域。

```
import cv2
import numpy as np

img = cv2.imread('japan.jpeg')

def floodFill(source, mask, seedPoint, newVal, loDiff, upDiff, flags=cv2.
FLOODFILL_FIXED_RANGE):
    result = source.copy()
    cv2.floodFill(result, mask=mask, seedPoint=seedPoint, newVal=newVal,
loDiff=loDiff,
upDiff=upDiff, flags=flags)
    return result

h, w = img.shape[:2]
mask = np.zeros((h+2,w+2,1), np.uint8)  # 全黑遮罩
mask = 255 - mask                       # 變成全白遮罩
mask[0:100,0:200] = 0                   # 江左上角長方形變成黑色
output = floodFill(img, mask, (100,10), (0,0,255), (100,100,60),
(200,200,200))
```

```
cv2.imshow('oxxostudio', output)
cv2.waitKey(0)
cv2.destroyAllWindows()
```

✜ 範例程式碼：ch04/code25.py

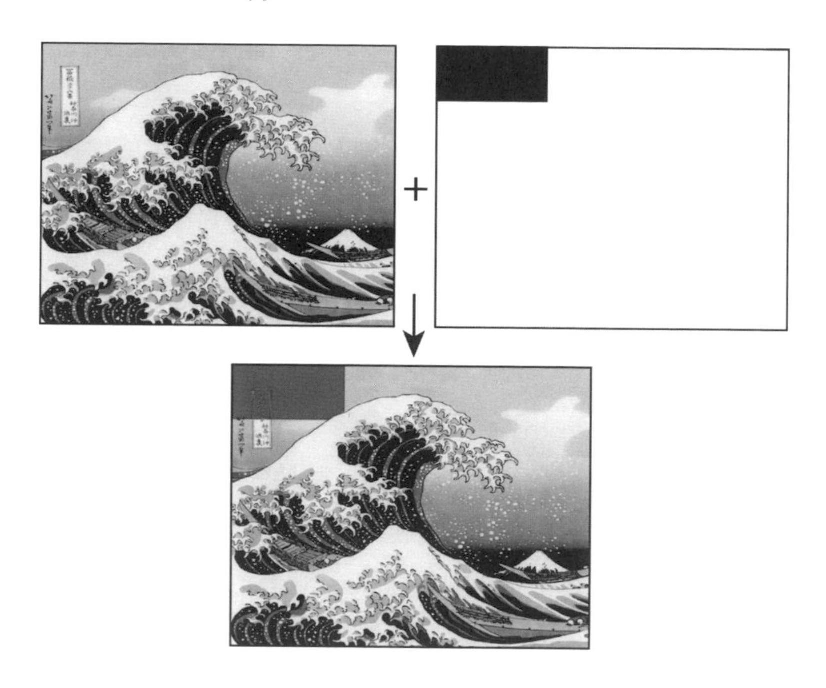

小結

色彩處理是影像處理中不可或缺的一環，而 OpenCV 提供了豐富的色彩處理功能，方便開發者進行圖像的前置處理、特徵提取等工作。通過這個章節的介紹，可以學習到如何使用 OpenCV 實現常見的色彩處理操作，也可以根據實際需求進行相應的調整和優化。在實際應用中，就能根據圖像的特點和應用場景，靈活運用這些色彩處理功能，進行圖像的處理和分析。

第 5 章

OpenCV 影像的剪裁、變形、文字、繪圖

前言

這個章節介紹了 OpenCV 中關於影像縮放、變形、裁剪、文字和繪圖的相關操作。透過這些操作，可以快速地處理圖像並改善圖像的品質，進而提高計算機視覺和影像處理應用的效率。

✤ 本章節的範例程式碼：
https://github.com/oxxostudio/book-code/tree/master/opencv/ch05

5-1 影像的旋轉、翻轉和改變尺寸

這個小節裡會介紹 OpenCV 裡的 transpose()、flip()、rotate() 和 reize() 方法，透過這些方法，可以將影像進行旋轉、上下左右翻轉以及改變尺寸。

flip() 翻轉影像

使用 flip() 方法，可以將影像上下左右翻轉，flip 有一個參數，參數設定如下：

數值	說明
0	以 x 軸為中心上下翻轉。
1	以 y 軸為中心左右翻轉。
-1	同時進行上下左右翻轉。

下方的程式碼，會產生三張圖，一張上下翻轉，一張左右翻轉，一張上下左右翻轉。

```
import cv2
img = cv2.imread('meme.jpg')         # 開啟圖片
output_0 = cv2.flip(img, 0)          # 上下翻轉
output_1 = cv2.flip(img, 1)          # 左右翻轉
output_2 = cv2.flip(img, -1)         # 上下左右翻轉
cv2.imwrite('meme_0.jpg', output_0)
cv2.imwrite('meme_1.jpg', output_1)
cv2.imwrite('meme_2.jpg', output_2)
```

✤ 範例程式碼：ch05/code01.py

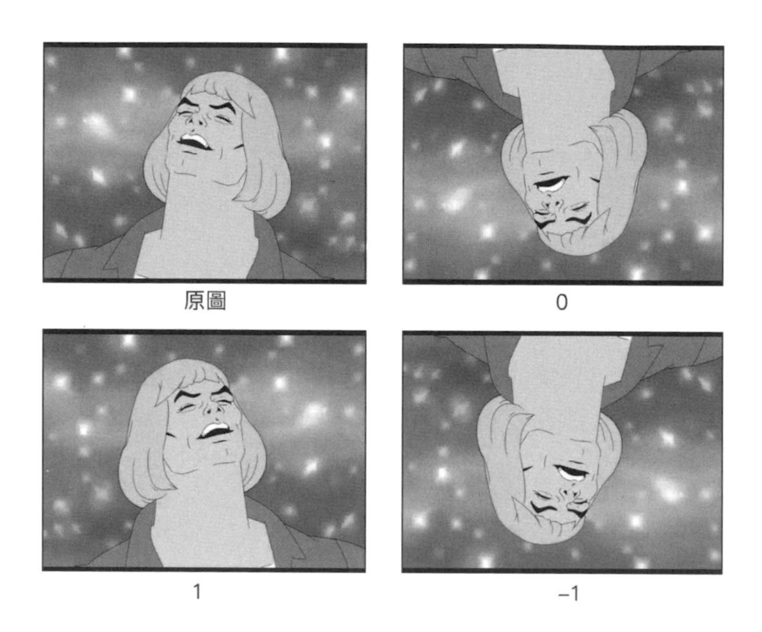

transpose() 旋轉影像

使用 transpose() 方法，可以將影像「逆時針」旋轉 90 度，下方的程式碼，會產生一張逆時針旋轉 90 度的圖片。

```
import cv2
img = cv2.imread('meme.jpg')
output = cv2.transpose(img)     # 逆時針旋轉 90 度。
cv2.imwrite('output.jpg', output)
```

✤ 範例程式碼：ch05/code02.py

原圖

rotate() 旋轉影像

有別於 transpose() 方法一次只能逆時針旋轉 90 度，rotate() 方法可以設定逆時針旋轉 90 度、順時針旋轉 90 度，以及旋轉 180 度。

```
import cv2
img = cv2.imread('meme.jpg')
output_ROTATE_90_CLOCKWISE = cv2.rotate(img, cv2.ROTATE_90_CLOCKWISE)
output_ROTATE_90_COUNTERCLOCKWISE = cv2.rotate(img, cv2.ROTATE_90_
COUNTERCLOCKWISE)
output_ROTATE_180 = cv2.rotate(img, cv2.ROTATE_180)
cv2.imwrite('output_1.jpg', output_ROTATE_90_CLOCKWISE)
cv2.imwrite('output_2.jpg', output_ROTATE_90_COUNTERCLOCKWISE)
cv2.imwrite('output_3.jpg', output_ROTATE_180)
```

✤ 範例程式碼：ch05/code03.py

原圖

ROTATE_180

ROTATE_90_CLOCKWISE

ROTATE_90_COUNTERCLOCKWISE

reize() 改變尺寸

使用 reize() 方法，可以將影像輸出為指定的尺寸，下方的程式碼，會產生兩張不同尺寸的圖片。

> 使用 reize() 方法時，可以設定 interpolation 參數，指定改變尺寸的插值方式，預設使用 INTER_LINEAR。

```
import cv2
img = cv2.imread('meme.jpg')
output_1 = cv2.resize(img, (200, 200))    # 產生 200x200 的圖
output_2 = cv2.resize(img, (100, 300))    # 產生 100x300 的圖
cv2.imwrite('output_1.jpg', output_1)
cv2.imwrite('output_2.jpg', output_2)
```

✜ 範例程式碼：ch05/code04.py

原圖

200x200

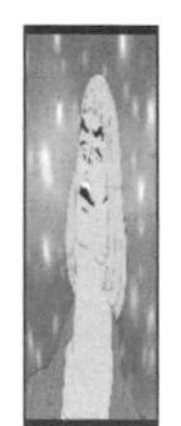

100x300

翻轉影片、改變影片尺寸

延伸「3-3、寫入並儲存影片」文章的範例，將讀取到的影像縮小為 640x360，並進行上下翻轉的效果。

```
import cv2
cap = cv2.VideoCapture(0)                          # 讀取電腦攝影機鏡頭影像。
fourcc = cv2.VideoWriter_fourcc(*'MJPG')           # 設定影片的格式為 MJPG
out = cv2.VideoWriter('output_1.mp4', fourcc, 20.0, (640,  360))
# 產生空的影片，尺寸為 640x360
if not cap.isOpened():
    print("Cannot open camera")
```

```
    exit()
while True:
    ret, frame = cap.read()
    if not ret:
        print("Cannot receive frame")
        break
    img_1 = cv2.resize(frame,(640, 360))  # 改變圖片尺寸
    img_2 = cv2.flip(img_1, 0)            # 上下翻轉
    out.write(img_2)                      # 將取得的每一幀圖像寫入空的影片
    cv2.imshow('oxxostudio', frame)
    if cv2.waitKey(1) == ord('q'):
        break                             # 按下 q 鍵停止
cap.release()
out.release()                             # 釋放資源
cv2.destroyAllWindows()
```

✤ 範例程式碼：ch05/code05.py

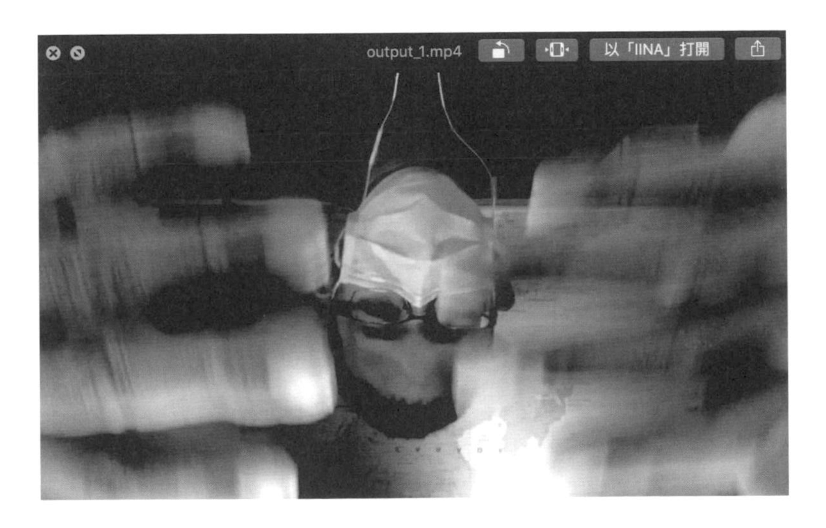

5-2 影像的幾何變形

這個小節會介紹 OpenCV 裡的 warpAffine() 和 warpPerspective() 方法，搭配 getPerspectiveTransform()、warpPerspective() 和 getAffineTransform() 方法，就可以將影像進行平移、指定角度旋轉或透視的幾何變形效果。

warpAffine() 平移影像

warpAffine() 方法可以將來源的圖像，根據指定的「仿射矩陣」，輸出成仿射轉換後的新影像，矩陣必須採用 numpy 的矩陣格式，使用的方法如下：

```
cv2.warpAffine(img, M, (w, h))
# img 來源圖像，M 仿射矩陣，(w, h) 圖片長寬
```

如果要平移影像，可以使用 2x3 的矩陣來實現，下方的程式碼執行後，會將圖片的垂直與水平方向，移動 100 像素。

```
import cv2
import numpy as np
img = cv2.imread('meme.jpg')
M = np.float32([[1, 0, 100], [0, 1, 100]]) # 2x3 矩陣，x 軸平移 100，
y 軸平移 100
output = cv2.warpAffine(img, M, (480, 360))
cv2.imshow('oxxostudio', output)
```

✣ 範例程式碼：ch05/code06.py

原圖

x 平移 100，y 平移 100

getRotationMatrix2D() 旋轉影像

getRotationMatrix2D() 方法可以產生旋轉指定角度影像的仿射矩陣，再透過 warpAffine() 產生旋轉的影像，使用方式如下：

```
cv2.getRotationMatrix2D((x, y), angle, scale)
```

```
# (x, y) 旋轉的中心點，angle 旋轉角度 ( - 順時針，+ 逆時針 )，scale 旋轉後的尺寸
```

下方的程式碼，會產生一張逆時針旋轉 45 度的圖片。

```
import cv2
img = cv2.imread('meme.jpg')
M = cv2.getRotationMatrix2D((240, 180), 45, 1)  # 中心點 (240, 180)，
旋轉 45 度，尺寸 1
output = cv2.warpAffine(img, M, (480, 360))
cv2.imshow('oxxostudio', output)
```

✤ 範例程式碼：ch05/code07.py

原圖

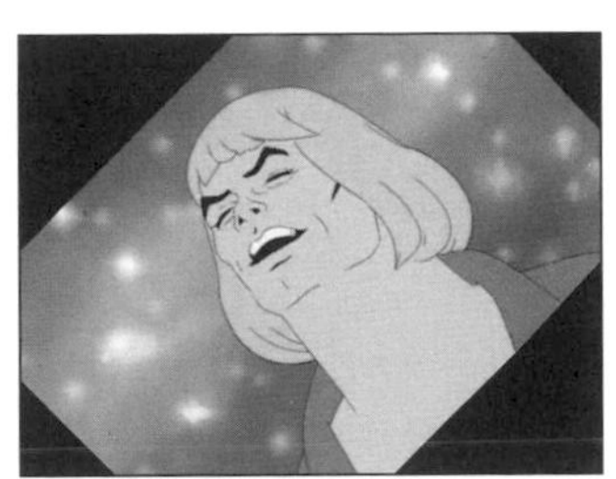
逆時針旋轉 45 度

getAffineTransform() 圖像仿射變換

getAffineTransform() 方法，可以根據輸入影像的三個點，對應輸出影像的三個點，產生仿射矩陣，再透過 warpAffine() 產生仿射變換後的影像，使用 2x3 的 numpy 矩陣作為三個點的座標格式，使用方法如下：

```
cv2.getAffineTransform( 輸入影像三個點的座標，輸出影像三個點的座標 )
```

下方的程式碼，會將左邊的圖片，仿射變換成右邊的圖片。

```
import cv2
import numpy as np
img = cv2.imread('meme.jpg')
p1 = np.float32([[100,100],[480,0],[0,360]])
p2 = np.float32([[0,0],[480,0],[0,360]])
M = cv2.getAffineTransform(p1, p2)
output = cv2.warpAffine(img, M, (480, 360))
```

```
cv2.imshow('oxxostudio', output)
```

✜ 範例程式碼：ch05/code08.py

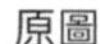
原圖

仿射變換後

warpPerspective() + getPerspectiveTransform() 影像透視

warpPerspective() 方法為影像透視的方法，根據指定的「透視矩陣」，輸出成透視轉換後的新影像，使用方法如下：

```
cv2.warpPerspective(img, M, (w, h))
# img 來源圖像，M 透視矩陣，(w, h) 圖片長寬
```

getPerspectiveTransform() 方法，可以根據輸入影像的四個點，對應輸出影像的四個點，產生透視矩陣，再透過 warpPerspective() 產生透視變換後的影像，使用 2x4 的 numpy 矩陣作為四個點的座標格式，使用方法如下：

```
cv2.getPerspectiveTransform( 輸入影像四個點的座標，輸出影像四個點的座標 )
```

下方的程式碼，會將左邊的圖片，透視變換成右邊的圖片。

```
import cv2
import numpy as np

p1 = np.float32([[100,100],[480,0],[0,360],[480,360]])
p2 = np.float32([[0,0],[480,0],[0,360],[480,360]])
m = cv2.getPerspectiveTransform(p1,p2)
```

```
img = cv2.imread('meme.jpg')
output = cv2.warpPerspective(img, m, (480, 360))
cv2.imshow('oxxostudio', output)
```

✥ 範例程式碼：ch05/code09.py

原圖

透視變換後

5-3 剪裁影像

這個小節會介紹使用 OpenCV，將圖片剪裁出想要的範圍，並另存成新的圖片。

使用陣列切片裁剪圖片

在 OpenCV 裡讀取的影像，**實質上是 NumPy 的陣列**，因此在讀取影像後，**使用陣列的切片方式，取出想要的範圍，另存成新的圖片，就可以實現剪裁圖片的效果**，下方的程式碼會從圖片中 (100,100) 的位置，剪裁出一個 200x200 的區域儲存為新影像。

> ✥ 延伸參考：https://steam.oxxostudio.tw/category/python/numpy/array-assignment.html

```
import cv2
img = cv2.imread('meme.jpg')
x = 100
```

```
y = 100
w = 200
h = 200
crop_img = img[y:y+h, x:x+w]          # 取出陣列的範圍
cv2.imwrite('output.jpg', crop_img) # 儲存圖片
cv2.imshow('oxxostudio', crop_img)
cv2.waitKey(0)                        # 按下任意鍵停止
cv2.destroyAllWindows()
```

✤ 範例程式碼：ch05/code10.py

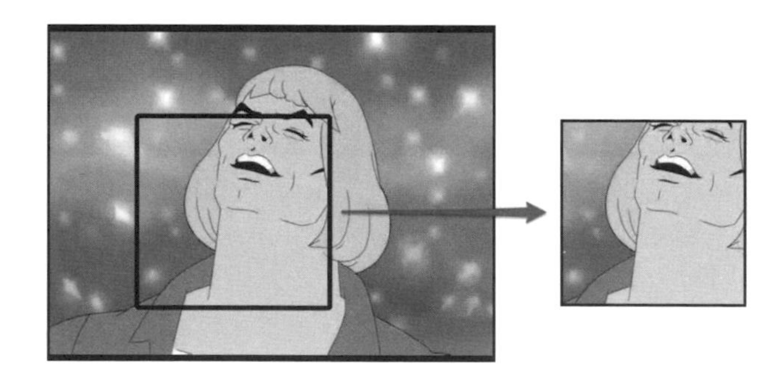

將裁剪的圖片，貼到其他圖片中

運用同樣的原理 (剪裁出來的區域是陣列)，就能將剪裁的區域，放到其他圖片中指定的位置，下方的程式碼，會將剪裁出來的圖片，放到另外一張黑色畫布中 (100, 100) 的位置。

```
import cv2
import numpy as np
img = cv2.imread('meme.jpg')
x = 100
y = 100
w = 200
h = 200
crop_img = img[y:y+h, x:x+w]

output = np.zeros((360,480,3), dtype='uint8') # 產生黑色畫布
output[x:x+w, y:y+h]=crop_img

cv2.imwrite('output.jpg', output)
```

```
cv2.imshow('oxxostudio', output)
cv2.waitKey(0)
cv2.destroyAllWindows()
```

✣ 範例程式碼：ch05/code11.py

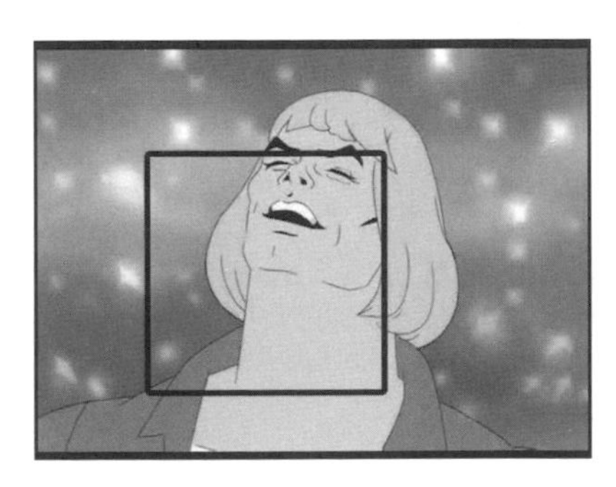
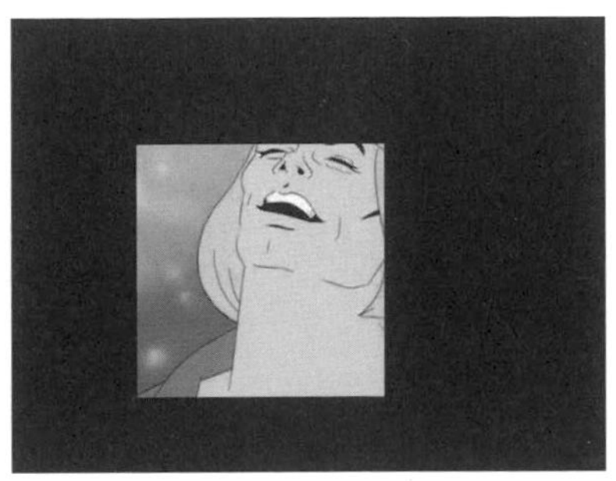

5-4 繪製各種形狀

這個小節會介紹如何運用 OpenCV 裡的 line()、rectangle()、circle()、ellipse()、polylines() 方法，在影像上繪製直線、方形、圓形、橢圓、多邊形、實心多邊形、箭頭線條 ... 等形狀。

line() 畫直線

line() 方法可以在影像裡繪製直線，使用方法如下：

```
cv2.line(img, pt1, pt2, color, thickness)
# img 來源影像
# pt1 起始點座標 pt2 結束點座標
# color 線條顏色，使用 BGR
# thickness 線條粗細，預設 1
```

下方的程式執行後，會在 300x300 的黑色畫布上，產生一條左上到右下的紅色直線：

```
import cv2
import numpy as np
img = np.zeros((300,300,3), dtype='uint8')    # 繪製 300x300 的黑色畫布
```

```
cv2.line(img,(50,50),(250,250),(0,0,255),5)   # 繪製線條
cv2.imshow('oxxostudio', img)
cv2.waitKey(0)                                # 按下任意鍵停止
cv2.destroyAllWindows()
```

✤ 範例程式碼：ch05/code12.py

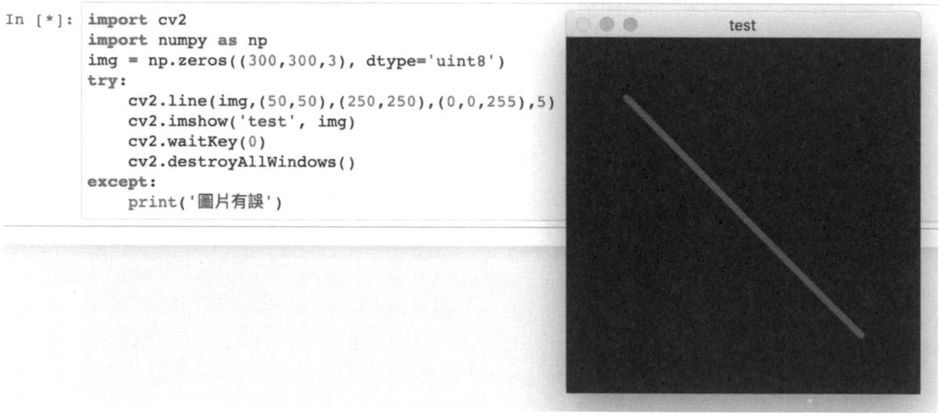

```
In [*]: import cv2
        import numpy as np
        img = np.zeros((300,300,3), dtype='uint8')
        try:
            cv2.line(img,(50,50),(250,250),(0,0,255),5)
            cv2.imshow('test', img)
            cv2.waitKey(0)
            cv2.destroyAllWindows()
        except:
            print('圖片有誤')
```

test

arrowedLine() 畫箭頭線條

arrowedLine() 方法可以在影像裡繪製箭頭線條，使用方法如下：

```
cv2.arrowedLine(img, pt1, pt2, color, thickness, tipLength)
# img 來源影像
# pt1 起始點座標 pt2 結束點座標
# color 線條顏色，使用 BGR
# thickness 線條粗細，預設 1
# tipLength 箭頭長度，預設 0.1 ( 箭頭線條長度 x 0.1 )
```

下方的程式執行後，會在 300x300 的黑色畫布上，產生一條左上到右下帶有箭頭的紅色直線：

```
import cv2
import numpy as np
img = np.zeros((300,300,3), dtype='uint8')
cv2.arrowedLine(img,(50,50),(250,250),(0,0,255),5)   # 繪製箭頭線條
cv2.imshow('oxxostudio', img)
cv2.waitKey(0)
```

```
cv2.destroyAllWindows()
```

✣ 範例程式碼：ch05/code13.py

```
In [*]: import cv2
        import numpy as np
        img = np.zeros((300,300,3), dtype='uint8')
        try:
            cv2.arrowedLine(img,(50,50),(250,250),(0,0,255),5)
            cv2.imshow('test', img)
            cv2.waitKey(0)
            cv2.destroyAllWindows()
        except:
            print('圖片有誤')
```

test

rectangle() 畫四邊形

rectangle() 方法可以在影像裡繪製四邊形，使用方法如下：

```
cv2.rectangle(img, pt1, pt2, color, thickness)
# img 來源影像
# pt1 左上座標 pt2 右下座標
# color 線條顏色，使用 BGR
# thickness 線條粗細，預設 1，設定 -1 表示填滿
```

下方的程式執行後，會在 300x300 的黑色畫布上，產生一個 200x200 的紅色正方形外框：

```
import cv2
import numpy as np
img = np.zeros((300,300,3), dtype='uint8')
cv2.rectangle(img,(50,50),(250,250),(0,0,255),5)   # 繪製正方形
cv2.imshow('oxxostudio', img)
cv2.waitKey(0)
cv2.destroyAllWindows()
```

✣ 範例程式碼：ch05/code14.py

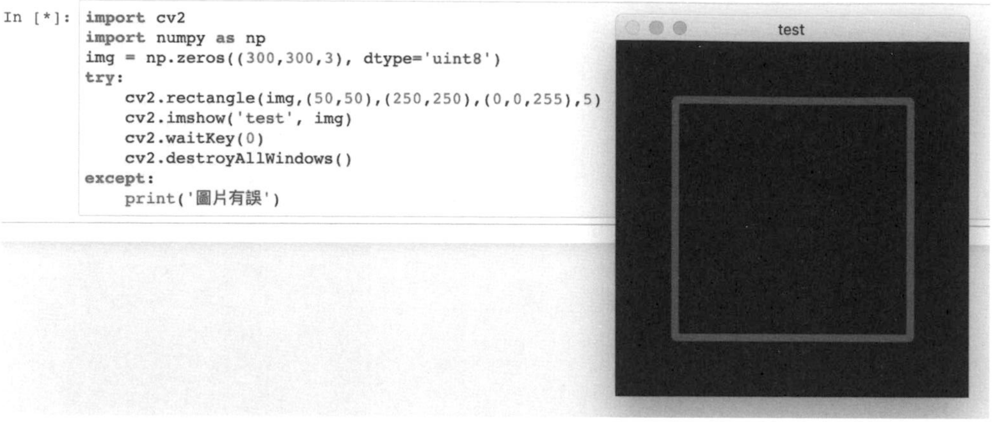

```
In [*]: import cv2
        import numpy as np
        img = np.zeros((300,300,3), dtype='uint8')
        try:
            cv2.rectangle(img,(50,50),(250,250),(0,0,255),5)
            cv2.imshow('test', img)
            cv2.waitKey(0)
            cv2.destroyAllWindows()
        except:
            print('圖片有誤')
```

test

如果要繪製「實心」正方形，可以有兩種方法，第一種只要將 thickness 參數設定為 -1，就可以填滿正方形。

```
import cv2
import numpy as np
img = np.zeros((300,300,3), dtype='uint8')
cv2.rectangle(img,(50,50),(250,250),(0,0,255),-1)  # 設定 -1
cv2.imshow('oxxostudio', img)
cv2.waitKey(0)
cv2.destroyAllWindows()
```

✤ 範例程式碼：ch05/code15.py

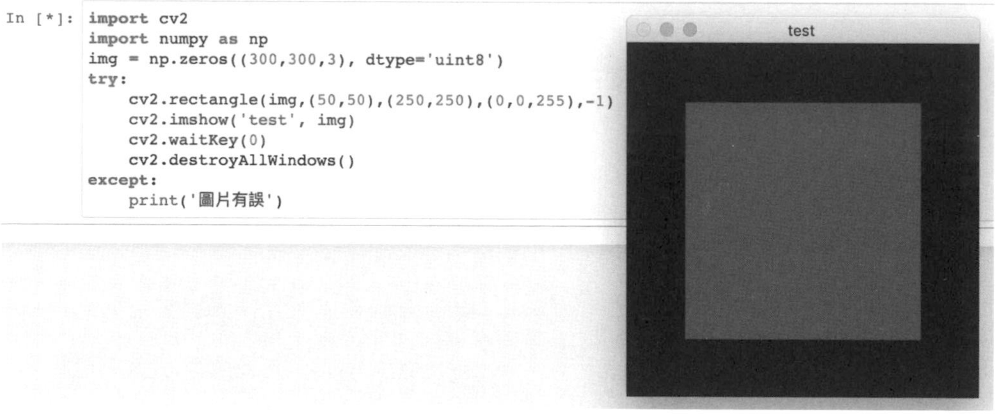

```
In [*]: import cv2
        import numpy as np
        img = np.zeros((300,300,3), dtype='uint8')
        try:
            cv2.rectangle(img,(50,50),(250,250),(0,0,255),-1)
            cv2.imshow('test', img)
            cv2.waitKey(0)
            cv2.destroyAllWindows()
        except:
            print('圖片有誤')
```

test

第二種直接使用 numpy 產生對應的陣列就能產生實心正方形。

```
import cv2
import numpy as np
img = np.zeros((300,300,3), dtype='uint8')
img[50:250, 50:250] = [0,0,255] # 將中間 200x200 的陣列內容改成 [0,0,255]
cv2.imshow('oxxostudio', img)
cv2.waitKey(0)
cv2.destroyAllWindows()
```

✣ 範例程式碼：ch05/code16.py

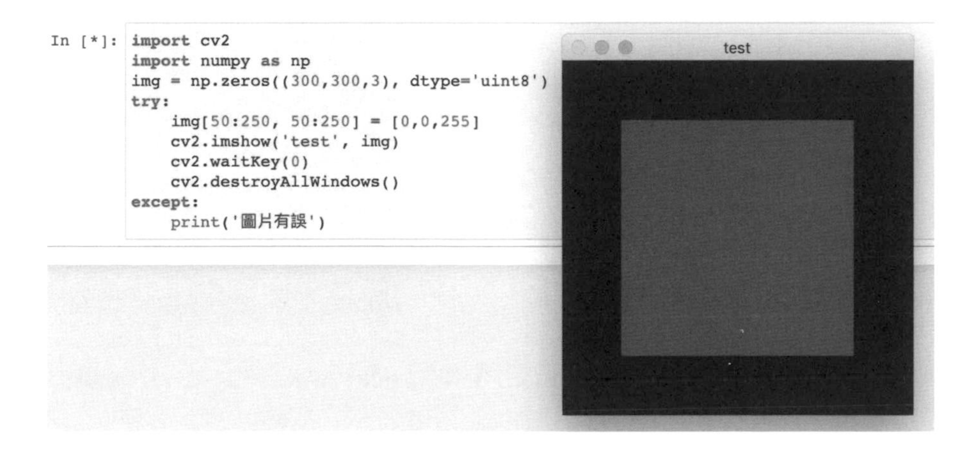

circle() 畫圓形

circle() 方法可以在影像裡**繪製圓形**，使用方法如下：

```
cv2.circle(img, center, radius, color, thickness)
# img 來源影像
# center 中心點座標
# radius 半徑
# color 線條顏色，使用 BGR
# thickness 線條粗細，預設 1，設定 -1 表示填滿
```

下方的程式執行後，會在 300x300 的黑色畫布上，產生一個半徑為 100 的紅色圓形外框：

```
import cv2
import numpy as np
img = np.zeros((300,300,3), dtype='uint8')
```

```
cv2.circle(img,(150,150),100,(0,0,255),5)   # 繪製圓形
cv2.imshow('oxxostudio', img)
cv2.waitKey(0)
cv2.destroyAllWindows()
```

✣ 範例程式碼：ch05/code17.py

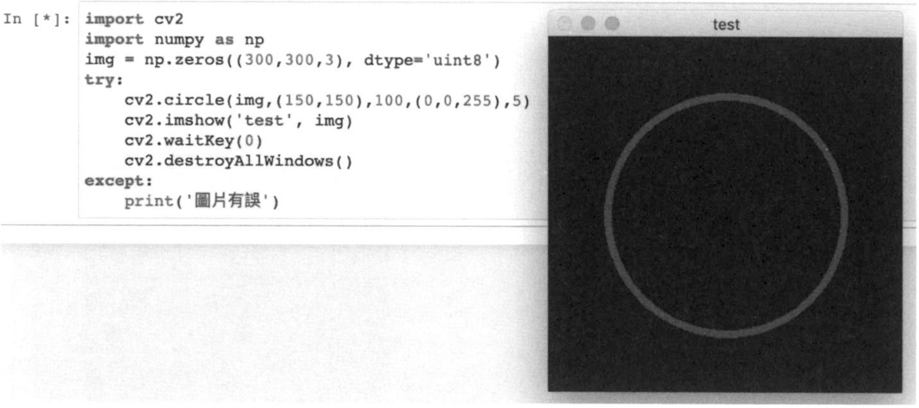

```
In [*]: import cv2
        import numpy as np
        img = np.zeros((300,300,3), dtype='uint8')
        try:
            cv2.circle(img,(150,150),100,(0,0,255),5)
            cv2.imshow('test', img)
            cv2.waitKey(0)
            cv2.destroyAllWindows()
        except:
            print('圖片有誤')
```

test

如果要繪製「實心」圓形，只要將 thickness 參數設定為 -1，就可以繪製實心圓形。

```
import cv2
import numpy as np
img = np.zeros((300,300,3), dtype='uint8')
cv2.circle(img,(150,150),100,(0,0,255),-1)   # 設定 -1
cv2.imshow('oxxostudio', img)
cv2.waitKey(0)
cv2.destroyAllWindows()
```

✣ 範例程式碼：ch05/code18.py

```
In [*]: import cv2
        import numpy as np
        img = np.zeros((300,300,3), dtype='uint8')
        try:
            cv2.circle(img,(150,150),100,(0,0,255),-1)
            cv2.imshow('test', img)
            cv2.waitKey(0)
            cv2.destroyAllWindows()
        except:
            print('圖片有誤')
```

test

ellipse() 畫橢圓形

ellipse() 方法可以在影像裡**繪製橢圓形**，使用方法如下：

```
cv2.ellipse(img, center, axes, angle, startAngle, endAngle, color,
thickness)
# img 來源影像
# center 中心點座標
# axes 長軸與短軸
# angle 轉向角度，正值逆時針，負值順時針
# startAngle 起始角度，endAngle 結束角度，範圍 0 ~ 360
# color 線條顏色，使用 BGR
# thickness 線條粗細，預設 1，設定 -1 表示填滿
```

下方的程式執行後，會在 300x300 的黑色畫布上，產生三個不同的橢圓形外框：

```
import cv2
import numpy as np
img = np.zeros((300,300,3), dtype='uint8')
cv2.ellipse(img,(150,150),(100,50),45,0,360,(0,0,255),5)
cv2.ellipse(img,(150,150),(30,100),90,0,360,(255,150,0),5)
cv2.ellipse(img,(150,150),(20,120),30,0,360,(0,255,255),5)
cv2.imshow('oxxostudio', img)
cv2.waitKey(0)
cv2.destroyAllWindows()
```

✤ 範例程式碼：ch05/code19.py

```
In [*]: import cv2
        import numpy as np
        img = np.zeros((300,300,3), dtype='uint8')
        try:
            cv2.ellipse(img,(150,150),(100,50),45,0,360,(0,0,255),5)
            cv2.ellipse(img,(150,150),(30,100),90,0,360,(255,150,0),5)
            cv2.ellipse(img,(150,150),(20,120),30,0,360,(0,255,255),5)
            cv2.imshow('test', img)
            cv2.waitKey(0)
            cv2.destroyAllWindows()
        except:
            print('圖片有誤')
```

test

polylines() 畫多邊形

polylines() 方法可以在影像裡繪製多邊形，使用方法如下：

```
cv2.polylines(img, pts, isClosed, color, thickness)
# img 來源影像
# pts 座標陣列 ( 使用 numpy 陣列 )
# isClosed 多邊形是否閉合，True 閉合，False 不閉合
# color 線條顏色，使用 BGR
# thickness 線條粗細，預設 1
```

下方的程式執行後，會在 300x300 的黑色畫布上，產生一個紅色外框多邊形：

```
import cv2
import numpy as np
img = np.zeros((300,300,3), dtype='uint8')
pts = np.array([[150,50],[250,100],[150,250],[50,100]]) # 產生座標陣列
cv2.polylines(img,[pts],True,(0,0,255),5)               # 繪製多邊形
cv2.imshow('oxxostudio', img)
cv2.waitKey(0)
cv2.destroyAllWindows()
```

✣ 範例程式碼：ch05/code20.py

```
In [*]: import cv2
        import numpy as np
        img = np.zeros((300,300,3), dtype='uint8')
        try:
            pts = np.array([[150,50],[250,100],[150,250],[50,100]])
            cv2.polylines(img,[pts],True,(0,0,255),5)
            cv2.imshow('test', img)
            cv2.waitKey(0)
            cv2.destroyAllWindows()
        except:
            print('圖片有誤')
```

test

如果要繪製「實心」多邊形，則需使用 fillPoly() 方法，使用方法如下：

```
cv2.fillPoly(img, pts, color)
# img 來源影像
# pts 座標陣列 ( 使用 numpy 陣列 )
# color 線條顏色，使用 BGR
```

下方的程式執行後，會在 300x300 的黑色畫布上，產生一個紅色實心多邊形：

```
import cv2
import numpy as np
img = np.zeros((300,300,3), dtype='uint8')
pts = np.array([[150,50],[250,100],[150,250],[50,100]])
cv2.fillPoly(img,[pts],(0,0,255))
cv2.imshow('oxxostudio', img)
cv2.waitKey(0)
cv2.destroyAllWindows()
```

✤ 範例程式碼：ch05/code21.py

```
In [*]: import cv2
        import numpy as np
        img = np.zeros((300,300,3), dtype='uint8')
        try:
            pts = np.array([[150,50],[250,100],[150,250],[50,100]])
            cv2.fillPoly(img,[pts],(0,0,255))
            cv2.imshow('test', img)
            cv2.waitKey(0)
            cv2.destroyAllWindows()
        except:
            print('圖片有誤')
```

test

5-5 影像加入文字

這個小節會介紹如何運用 OpenCV 裡的 putText() 方法，在影像上加入文字，並透過 PIL 函式庫，讓影像可以支援中文的顯示。

putText() 加入文字

putText() 方法可以在影像裡加入文字，使用方法如下：

> ✜ 支援的字型參考：https://docs.opencv.org/4.x/d6/d6e/group__imgproc__draw.html#ga0f9314ea6e35f99bb23f29567fc16e11

```
cv2.putText(img, text, org, fontFace, fontScale, color, thickness,
lineType)
# img 來源影像
# text 文字內容
# org 文字座標 ( 垂直方向是文字底部到影像頂端的距離 )
# fontFace 文字字型
# fontScale 文字尺寸
```

```
# color 線條顏色，使用 BGR
# thickness 文字外框線條粗細，預設 1
# lineType 外框線條樣式，預設 cv2.LINE_8，設定 cv2.LINE_AA 可以反鋸齒
```

下方的程式執行後，會在 300x150 的黑色畫布上，加入 Hello 的文字：

```
import cv2
import numpy as np
img = np.zeros((150,300,3), dtype='uint8')    # 建立 300x150 的黑色畫布
text = 'Hello'
org = (20,90)
fontFace = cv2.FONT_HERSHEY_SIMPLEX
fontScale = 2.5
color = (0,0,255)
thickness = 5
lineType = cv2.LINE_AA
cv2.putText(img, text, org, fontFace, fontScale, color, thickness,
lineType)
cv2.imshow('oxxostudio', img)
cv2.waitKey(0)        # 按下任意鍵停止
cv2.destroyAllWindows()
```

✣ 範例程式碼：ch05/code22.py

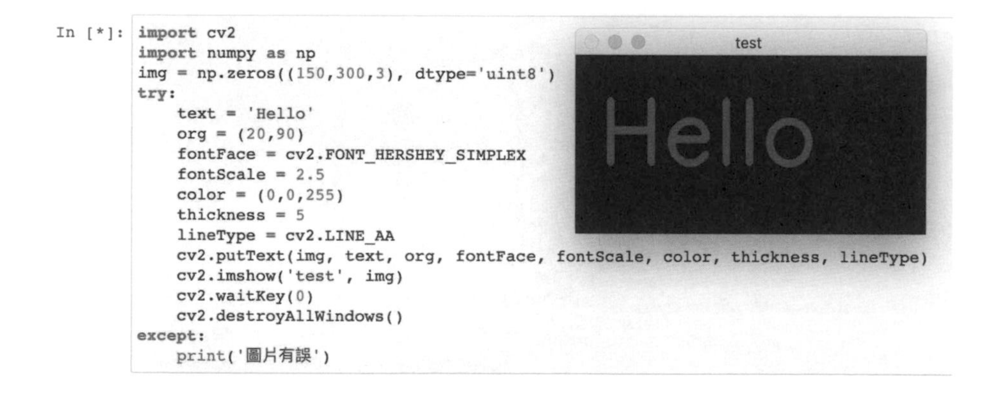

使用中文字型

如果要使用中文字型，必須搭配 PIL 函式庫，下方的範例使用 Google 雲端字型 (Noto Sans Traditional Chinese)，下載字型檔案後與程式放在同

一個資料夾裡，先繪製為 PIL 圖形，再將圖形轉換成 numpy 陣列，就能轉換成 opencv 的影像。

- Noto Sans Traditional Chinese：https://fonts.google.com/noto/specimen/Noto+Sans+TC?subset=chinese-traditional
- 圖像使用 NumPy 的陣列格式，座標為 (y, x, 色彩深度)

```
import cv2
import numpy as np
from PIL import ImageFont, ImageDraw, Image       # 載入 PIL 相關函式庫
img = np.zeros((150,300,3), dtype='uint8')        # 繪製黑色畫布
fontpath = 'NotoSansTC-Regular.otf'               # 設定字型路徑
font = ImageFont.truetype(fontpath, 50)           # 設定字型與文字大小
imgPil = Image.fromarray(img)                     # 將 img 轉換成 PIL 影像
draw = ImageDraw.Draw(imgPil)                     # 準備開始畫畫
draw.text((0, 0), '大家好～\n嘿嘿嘿～', fill=(255, 255, 255), font=font)
# 畫入文字，\n 表示換行
img = np.array(imgPil)                         # 將 PIL 影像轉換成 numpy 陣列
cv2.imshow('oxxostudio', img)
cv2.waitKey(0)
cv2.destroyAllWindows()
```

✤ 範例程式碼：ch05/code23.py

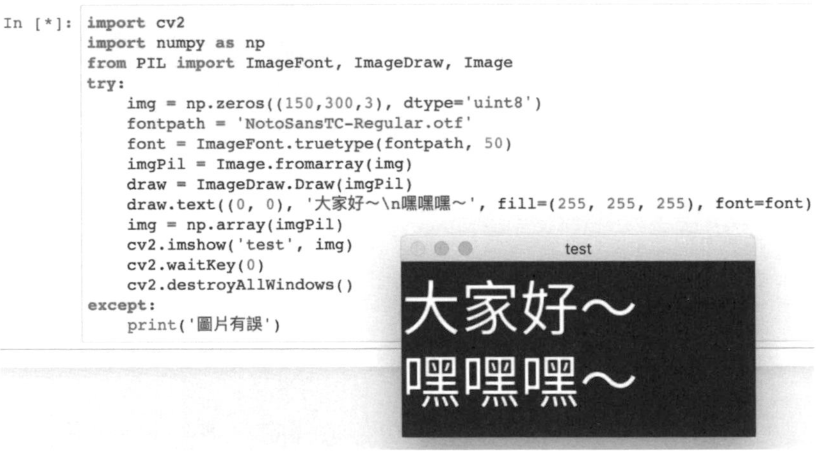

```
In [*]: import cv2
        import numpy as np
        from PIL import ImageFont, ImageDraw, Image
        try:
            img = np.zeros((150,300,3), dtype='uint8')
            fontpath = 'NotoSansTC-Regular.otf'
            font = ImageFont.truetype(fontpath, 50)
            imgPil = Image.fromarray(img)
            draw = ImageDraw.Draw(imgPil)
            draw.text((0, 0), '大家好～\n嘿嘿嘿～', fill=(255, 255, 255), font=font)
            img = np.array(imgPil)
            cv2.imshow('test', img)
            cv2.waitKey(0)
            cv2.destroyAllWindows()
        except:
            print('圖片有誤')
```

test

大家好～
嘿嘿嘿～

小結

縮放、變形、裁剪、文字和繪圖等操作是圖像處理中常用的基本技能，OpenCV 提供了一系列豐富的功能來實現這些操作，並能夠滿足不同應用場景的需求，透過這個章節的介紹，可以學習到如何使用 OpenCV 進行圖像的縮放、變形、裁剪、文字和繪圖等操作。在實際應用中，更可以根據圖像的特徵和需求，靈活運用這些操作，進而達到更好的圖像處理效果。因此，學習和掌握 OpenCV 中的影像處理技能，對於計算機視覺和影像處理領域的學習和應用都是非常重要和有幫助的。

第 6 章

OpenCV 影像效果

前言

這個章節介紹了 OpenCV 中一些有趣且實用的影像效果，包括模糊、馬賽克、萬花筒、多畫面延遲、搞笑和凸透鏡效果等。透過影像特殊處理的效果，就能添加更多的創意和趣味性。

✤ 本章節的範例程式碼：
https://github.com/oxxostudio/book-code/tree/master/opencv/ch06

6-1 影像模糊化

這個小節裡會介紹 OpenCV 四種影像模糊化的方法 (blur()、GaussianBlur()、medianBlur()、bilateralFilter())，透過這些方法，將影像套用模糊化的效果，輸出成為新的影像。

blur() 平均模糊

使用 OpenCV 的 blur() 方法，可以計算指定區域所有像素的平均值，再將平均值取代中心像素，使用方法如下：

```
cv2.blur(img, ksize)
# img 來源影像
# ksize 指定區域單位
```

指定區域單位設定的範圍越大，則模糊的效果越明顯，下面的例子會產生兩張模糊化的影像。

```
import cv2
img = cv2.imread('meme.jpg')
output1 = cv2.blur(img, (5, 5))      # 指定區域單位為 (5, 5)
output2 = cv2.blur(img, (25, 25))    # 指定區域單位為 (25, 25)
cv2.imshow('oxxostudio1', output1)
cv2.imshow('oxxostudio2', output2)
cv2.waitKey(0)                       # 按下任意鍵停止
cv2.destroyAllWindows()
```

✤ 範例程式碼：ch06/code01.py

原圖

cv2.blur(img, (5, 5))

cv2.blur(img, (25, 25))

GaussianBlur() 高斯模糊

使用 OpenCV 的 GaussianBlur() 方法，可以使用高斯分佈進行模糊化的計算，指定模糊區域單位（必須是大於 1 的奇數）後就能產生不同程度的模糊效果，使用方法如下：

```
cv2.GaussianBlur(img, ksize, sigmaX, sigmaY)
# img 來源影像
# ksize 指定區域單位 ( 必須是大於 1 的奇數 )
# sigmaX X 方向標準差，預設 0，sigmaY Y 方向標準差，預設 0
```

指定區域單位設定的範圍越大，則模糊的效果越明顯，下面的例子會產生兩張高斯模糊化的影像。

```
import cv2
img = cv2.imread('meme.jpg')
output1 = cv2.GaussianBlur(img, (5, 5), 0)   # 指定區域單位為 (5, 5)
output2 = cv2.GaussianBlur(img, (25, 25), 0) # 指定區域單位為 (25, 25)
cv2.imshow('oxxostudio1', output1)
cv2.imshow('oxxostudio2', output2)
cv2.waitKey(0)
```

```
cv2.destroyAllWindows()
```

✣ 範例程式碼：ch06/code02.py

原圖

cv2.GaussianBlur(img, (5, 5), 0)

cv2.GaussianBlur(img, (25, 25), 0)

medianBlur() 中值模糊

使用 OpenCV 的 medianBlur() 方法，可以使用像素點周圍灰度值的中值，來代替該像素點的灰度值，模糊程度 (必須是大於 1 的奇數)，使用方法如下：

```
cv2.medianBlur(img, ksize)
# img 來源影像
# ksize 模糊程度 ( 必須是大於 1 的奇數 )
```

模糊程度設定的數值越大，則模糊的效果越明顯，下面的例子會產生兩張中值模糊化的影像。

```
import cv2
img = cv2.imread('meme.jpg')
output1 = cv2.medianBlur(img, 5)    # 模糊程度為 5
output2 = cv2.medianBlur(img, 25)   # 模糊程度為 25
```

```
cv2.imshow('oxxostudio1', output1)
cv2.imshow('oxxostudio2', output2)
cv2.waitKey(0)
cv2.destroyAllWindows()
```

✣ 範例程式碼：ch06/code03.py

原圖

cv2.medianBlur(img, 5)

cv2.medianBlur(img, 25)

bilateralFilter() 雙邊模糊

使用 OpenCV 的 bilateralFilter() 方法，可以透過非線性的雙邊濾波器進行計算，讓影像模糊化的同時，也能夠保留影像內容的邊緣，使用方法如下：

```
cv2.bilateralFilter(img, d, sigmaColor, sigmaSpace)
# img 來源影像
# d 相鄰像素的直徑，預設使用 5，數值越大運算的速度越慢
# sigmaColor 相鄰像素的顏色混合，數值越大，會混合更多區域的顏色，並產生更大區塊的同一種顏色
# sigmaSpace 會影響像素的區域，數值越大，影響的範圍就越大，影響的像素就越多
```

下面的例子會產生三張雙邊模糊的影像。

```
import cv2
img = cv2.imread('meme.jpg')
output1 = cv2.bilateralFilter(img, 50, 0, 0)
output2 = cv2.bilateralFilter(img, 50, 50, 100)
output3 = cv2.bilateralFilter(img, 50, 100, 1000)
cv2.imshow('oxxostudio1', output1)
cv2.imshow('oxxostudio2', output2)
cv2.imshow('oxxostudio3', output3)
cv2.waitKey(0)
cv2.destroyAllWindows()
```

✣ 範例程式碼：ch06/code04.py

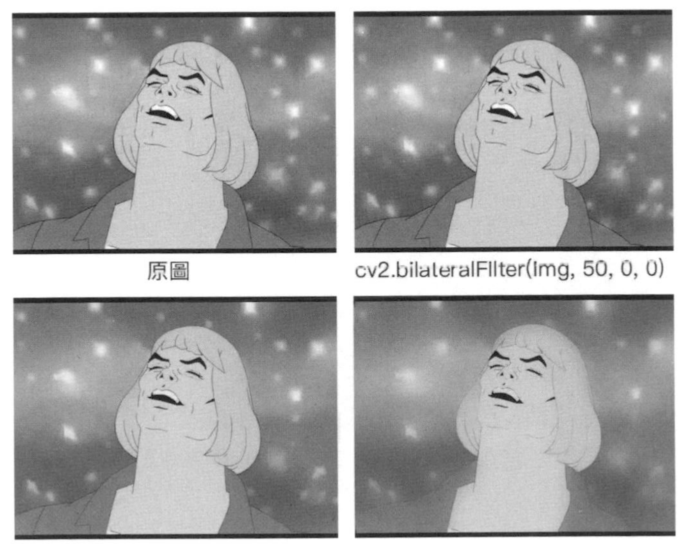

原圖　cv2.bilateralFilter(img, 50, 0, 0)

cv2.bilateralFilter(img, 50, 50, 100)　cv2.bilateralFilter(img, 50, 100, 1000)

影片的模糊效果

延伸「3-3、讀取並播放影片」文章的範例，在程式碼中使用 medianBlur() 中值模糊方法，就能將電腦鏡頭拍攝的畫面，即時轉換成模糊化的影像。

```
import cv2
cap = cv2.VideoCapture(0)
if not cap.isOpened():
    print("Cannot open camera")
```

```
    exit()
while True:
    ret, frame = cap.read()
    if not ret:
        print("Cannot receive frame")
        break
    # 套用 medianBlur() 中值模糊
    img = cv2.medianBlur(frame, 25)
    cv2.imshow('oxxostudio', img)
    if cv2.waitKey(1) == ord('q'):
        break      # 按下 q 鍵停止
cap.release()
cv2.destroyAllWindows()
```

✣ 範例程式碼：ch06/code05.py

（掃描 QRCode 可以觀看效果）

6-2 影像的馬賽克效果

這個小節會使用 OpenCV 裡改變尺寸的功能，實現影像的馬賽克效果，接著再透過剪裁影像的方式，做出將影像中特定區域加上馬賽克的效果。

馬賽克效果

在瀏覽圖片時，如果將小張的圖片不斷放大，就會看見圖片的像素變大，成為一格格的馬賽克，運用同樣的原理，只要對圖片使用「兩次

resize()」的方式，就能快速實現馬賽克的效果。

下方的程式一開始運用 img.shape 取得圖片尺寸，接著使用 cv2.resize() 方法 (interpolation=cv2.INTER_LINEAR) 進行縮小，接著再度使用 cv2.resize() 方法搭配 (interpolation=cv2.INTER_NEAREST) 進行放大，就會出現馬賽克效果。

相關 API 參考「3-5、取得影像資訊」和「5-1、影像的旋轉、翻轉和改變尺寸」。

```
import cv2
img = cv2.imread('mona.jpg')
size = img.shape              # 取得原始圖片的資訊
level = 15                    # 縮小比例 ( 可當作馬賽克的等級 )
h = int(size[0]/level)        # 按照比例縮小後的高度 ( 使用 int 去除小數點 )
w = int(size[1]/level)        # 按照比例縮小後的寬度 ( 使用 int 去除小數點 )
mosaic = cv2.resize(img, (w,h), interpolation=cv2.INTER_LINEAR)
# 根據縮小尺寸縮小
mosaic = cv2.resize(mosaic, (size[1],size[0]), interpolation=cv2.INTER_
NEAREST)                      # 放大到原本的大小
cv2.imshow('oxxostudio', mosaic)
cv2.waitKey(0)                # 按下任意鍵停止
cv2.destroyAllWindows()
```

✤ 範例程式碼：ch06/code06.py

原圖

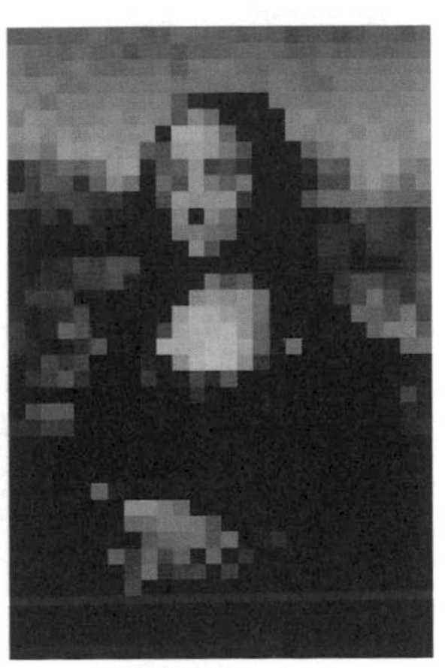

馬賽克 level 15

特定區域馬賽克

延伸上方的程式碼，搭配「5-3、剪裁影像」文章的範例，就能將影像中特定的區域馬賽克，下方的範例會將蒙娜麗莎的臉加上馬賽克。

```
import cv2
img = cv2.imread('mona.jpg')

x = 135    # 剪裁區域左上 x 座標
y = 90     # 剪裁區域左上 y 座標
cw = 100   # 剪裁區域寬度
ch = 120   # 剪裁區域高度
mosaic = img[y:y+ch, x:x+cw]    # 取得剪裁區域
level = 15           # 馬賽克程度
h = int(ch/level)  # 縮小的高度 ( 使用 int 去除小數點 )
w = int(cw/level)  # 縮小的寬度 ( 使用 int 去除小數點 )
mosaic = cv2.resize(mosaic, (w,h), interpolation=cv2.INTER_LINEAR)
mosaic = cv2.resize(mosaic, (cw,ch), interpolation=cv2.INTER_NEAREST)
img[y:y+ch, x:x+cw] = mosaic    # 將圖片的剪裁區域，換成馬賽克的圖
cv2.imshow('oxxostudio', img)
cv2.waitKey(0)
cv2.destroyAllWindows()
```

✤ 範例程式碼：ch06/code07.py

原圖

馬賽克 level 15

6-3 子母畫面影片

這個小節會使用 OpenCV 讀取兩個不同來源的影片 (例如兩個攝影機)，將兩個影片組合成一個「子母畫面」的影片。

讀取兩個不同來源的影片

延伸「3-3、讀取並播放影片」文章範例，加入第二個影片來源，就可以用不同的視窗，顯示不同的影片。

```
import cv2
cap1 = cv2.VideoCapture(0)             # 讀取第一個影片來源
cap2 = cv2.VideoCapture(1)             # 讀取第二個影片來源

if not cap1.isOpened():
    print("Cannot open camera1")
    exit()
if not cap2.isOpened():
    print("Cannot open camera2")
    exit()

while True:
    ret1, img1 = cap1.read()           # 讀取第一個來源影片的每一幀
    ret2, img2 = cap2.read()           # 讀取第一個來源影片的每一幀

    cv2.imshow('oxxostudio1', img1)    # 如果讀取成功，顯示該幀的畫面
    cv2.imshow('oxxostudio2', img2)    # 如果讀取成功，顯示該幀的畫面
    if cv2.waitKey(1) == ord('q'):
        break
cap1.release()
cap2.release()
cv2.destroyAllWindows()
```

✣ 範例程式碼：ch06/code08.py

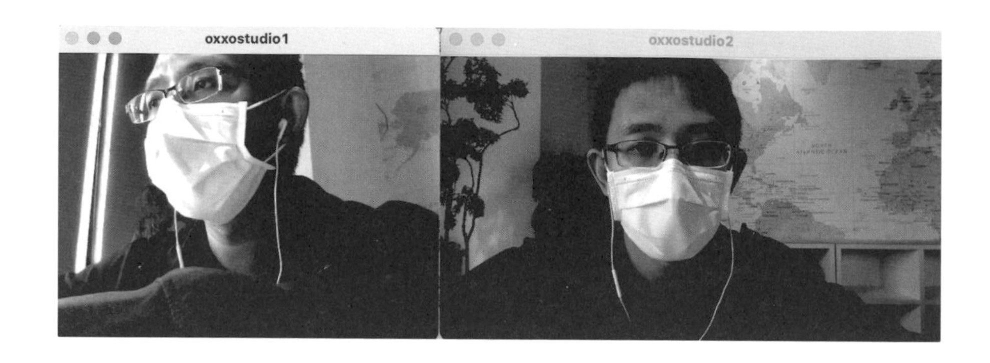

將兩部影片合成為子母畫面

使用「5-3、剪裁影像」的方法，就能將第一個來源的影像，合併到第二個來源影像中的特定位置，搭配「rectangle() 畫四邊形」，替合成的畫面繪製白色外框，最後就成為不錯的子母畫面影片。

```
import cv2
cap1 = cv2.VideoCapture(0)
cap2 = cv2.VideoCapture(1)

if not cap1.isOpened():
    print("Cannot open camera1")
    exit()
if not cap2.isOpened():
    print("Cannot open camera2")
    exit()

while True:
    ret1, img1 = cap1.read()
    ret2, img2 = cap2.read()
    img1 = cv2.resize(img1,(200,150))  # 縮小尺寸
    img2 = cv2.resize(img2,(540,320))  # 縮小尺寸
    img2[160:310,330:530] = img1       # 將 img2 的特定區域換成 img1

    cv2.rectangle(img2, (330,160), (530,310), (255,255,255), 5)
# 繪製子影片的外框

    cv2.imshow('oxxostudio', img2)
    if cv2.waitKey(1) == ord('q'):
```

```
        break
cap1.release()
cap2.release()
cv2.destroyAllWindows()
```

✤ 範例程式碼：ch06/code09.py

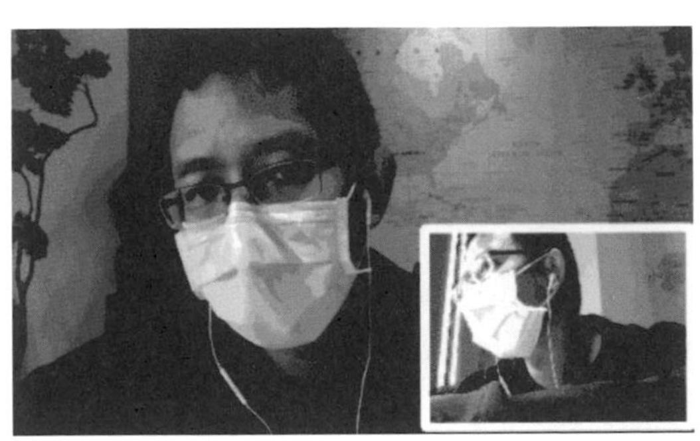

（掃描 QRCode 可以觀看效果）

6-4 萬花筒影片效果

這個小節會使用 OpenCV 裡翻轉影片和改變尺寸的功能，實作出一個有趣的萬花筒影片效果。

鏡像合成影像

使用 NumPy 產生全黑背景後，讀取攝影鏡頭的影像並改變影像尺寸，裁切出黑色背景一半尺寸的影像，將影像放在全黑背景的左邊，接著使用 flip 方法將這一半的影像水平翻轉，放在全黑背景的右邊，就實現了鏡像合成的效果。

> 參考：「3-3、讀取並播放影片」和「5-1、影像的旋轉、翻轉和改變尺寸」。

```
import cv2
import numpy as np
```

```
cap = cv2.VideoCapture(0)
output = np.zeros((360,640,3), dtype='uint8')   # 產生 640x360 的黑色背景

if not cap.isOpened():
    print("Cannot open camera")
    exit()

while True:
    ret, img = cap.read()
    img = cv2.resize(img, (640, 360))   # 改變影像尺寸為 640x360
    img = img[:360, :320]               # 取出 320x360 的影像
    img2 = cv2.flip(img, 1)             # 左右翻轉影像
    output[:, :320] = img               # 將 output 左邊內容換成 img
    output[:, 320:640] = img2           # 將 output 右邊內容換成 img2

    cv2.imshow('oxxostudio', output)
    if cv2.waitKey(50) == ord('q'):
        break

cap.release()
cv2.destroyAllWindows()
```

✜ 範例程式碼：ch06/code10.py

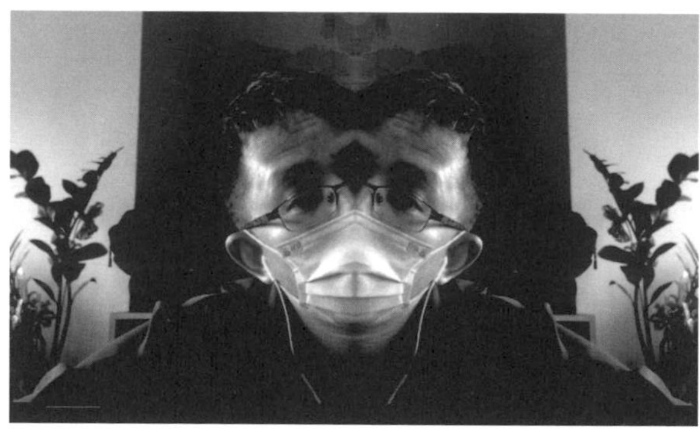

（掃描 QRCode 可以觀看效果）

四格萬花筒效果

延伸上方的程式碼，將背景尺寸改成 640x640，並將讀取的影像改成上下左右四格，就能做出四格萬花筒的效果。

```
import cv2
import numpy as np

cap = cv2.VideoCapture(0)
output = np.zeros((640,640,3), dtype='uint8')

if not cap.isOpened():
    print("Cannot open camera")
    exit()

while True:
    ret, img = cap.read()
    img = cv2.resize(img,(640, 360))
    img = img[:320, :320]                    # 取出 320x320 的區域
    img2 = cv2.flip(img, 1)                  # 左右翻轉
    img3 = cv2.flip(img, 0)                  # 上下翻轉
    img4 = cv2.flip(img, -1)                 # 上下左右翻轉
    output[:320, :320] = img                 # 左上
    output[:320, 320:640] = img2             # 右上
    output[320:640, :320] = img3             # 左下
    output[320:640, 320:640] = img4          # 右下

    cv2.imshow('oxxostudio', output)
    if cv2.waitKey(50) == ord('q'):
        break

cap.release()
cv2.destroyAllWindows()
```

✜ 範例程式碼：ch06/code11.py

(掃描 QRCode 可以觀看效果)

6-5 多畫面延遲播放影片

這個小節會使用 OpenCV 將同一個影片，排列組合成九宮格、十六宮格、二十五宮格 ... 等多畫面，並在多畫面中製作出延遲播放的效果。

縮小影片尺寸，合成黑色背景

使用 NumPy 產生全黑背景後，讀取攝影鏡頭的影像並改變影像尺寸 (使用變數進行設定，讓後續修改較為彈性)，將影像放在全黑背景的左上角。

參考：「3-3、讀取並播放影片」和「5-1、影像的旋轉、翻轉和改變尺寸」。

```
import cv2
import numpy as np

cap = cv2.VideoCapture(0)                               # 讀取攝影鏡頭
output = np.zeros((360,640,3), dtype='uint8')  # 產生 640x360 的黑色背景

if not cap.isOpened():
    print("Cannot open camera")
```

```
    exit()

n = 5                                  # 設定要分成幾格
w = 640//n                             # 計算分格之後的影像寬度 ( // 取整數 )
h = 360//n                             # 計算分格之後的影像高度 ( // 取整數 )
while True:
    ret, img = cap.read()              # 讀取影像
    img = cv2.resize(img,(w, h))       # 縮小尺寸
    output[0:h, 0:w] = img             # 將 output 的特定區域置換為 img
    cv2.imshow('oxxostudio', output)
    if cv2.waitKey(50) == ord('q'):
        break

cap.release()
cv2.destroyAllWindows()
```

✤ 範例程式碼：ch06/code12.py

影片延遲播放效果

建立一個空串列，將攝影機取得的影像依序存入串列中，並保持串列最大長度為影像總數，由於 while 迴圈會不斷更新串列內容，只要每次更新時重新組合串列中的影像，就能產生延遲播放的效果。

```
import cv2
import numpy as np

cap = cv2.VideoCapture(0)
output = np.zeros((360,640,3), dtype='uint8')

if not cap.isOpened():
    print("Cannot open camera")
```

```
    exit()

n = 5
w = 640//n
h = 360//n
img_list = []          # 設定空串列，記錄每一格的影像
while True:
    ret, img = cap.read()
    img = cv2.resize(img,(w, h))
    img_list.append(img)                          # 每次擷取影像時，將影像存入串列
    if len(img_list)>n*n: del img_list[0]         # 如果串列長度超過可容納的影像數
                                                    量，移除第一個項目
    for i in range(len(img_list)):
        x = i%n        # 根據串列計算影像的 x 座標 ( 取餘數 )
        y = i//n       # 根據串列計算影像的 y 座標 ( 取整數 )
        output[h*y:h*y+h, w*x:w*x+w] = img_list[i]   # 更新畫面

    cv2.imshow('oxxostudio', output)
    if cv2.waitKey(50) == ord('q'):
        break

cap.release()
cv2.destroyAllWindows()
```

✜ 範例程式碼：ch06/code13.py

(掃描 QRCode 可以觀看效果)

6-6 搞笑全景影片合成效果

這個小節會透過 OpenCV 操作影像的陣列，在即時擷取攝影機畫面時，將部分的內容固定成靜態影像，最後組合成搞笑的全景影片效果。

製作一條會動的直線

參考「5-4、繪製各種形狀」文章範例，在讀取攝影機鏡頭畫面，在畫面中繪製一條上到下的紅色直線，透過 while 迴圈改變直線的 x 座標，就能讓紅色直線從畫面的左邊移動到右邊，搭配判斷 x 座標的邏輯，就能讓紅色直線不斷在畫面中移動。

```
import cv2

cap = cv2.VideoCapture(0)
if not cap.isOpened():
    print("Cannot open camera")
    exit()

w, h = 640, 360                                  # 定義長寬
x = 0                                            # 定義 x 從 0 開始
while True:
    ret, img = cap.read()
    if not ret:
        print("Cannot receive frame")
        break
    img = cv2.resize(img,(w,h))                  # 縮小尺寸加快速度
    img = cv2.flip(img, 1)                       # 翻轉影像，使其如同鏡子
    img = img[:, int((w-h)/2):int((h+(w-h)/2))]  # 將影像變成正方形
    cv2.line(img,(x,0),(x,h),(0,0,255),5)        # 畫線
    cv2.imshow('oxxostudio',img)                 # 正常狀況下，一直顯示
                                                   即時影像

    x = x + 2
    if x > h:
        x = 0
    keyCode = cv2.waitKey(10)                    # 等待鍵盤事件
    if keyCode == ord('q'):
        break                                    # 按下 q 就全部結束
```

```
cap.release()
cv2.destroyAllWindows()
```

✤ 範例程式碼：ch06/code14.py

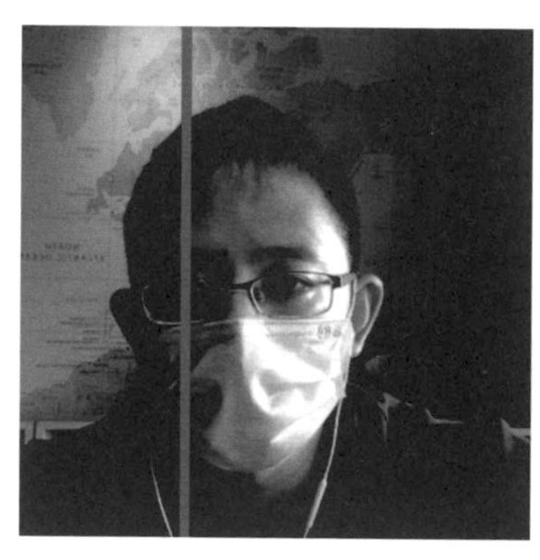

（掃描 QRCode 可以觀看效果）

左到右的全景影像合成

延伸紅色線條移動的程式碼，新增一個 output 黑色畫布，當線條移動的同時，擷取影像中某個範圍 (例如不斷從左到右擷取 2x360 的範圍)，將這些範圍組合成靜態影像，最後就會輸出一張全景的合成影像，如果在過程中改變姿勢，就會出現莫名其妙的有趣結果，詳細程式碼解說在註解中，下方列出一些重點：

- 定義變數 a 和 run 作為存檔的檔名編號，以及判斷是否開始。
- output 為全黑的畫布。
- 判斷鍵盤事件，按下 a 才開始。
- 當擷取結束，按下 s 可以存檔。
- 擷取的當下，將靜態影像合成到 output 畫布，再將靜態區域提供給輸出的 img 使用。

```
import cv2
import numpy as np

cap = cv2.VideoCapture(0)
```

```
if not cap.isOpened():
    print("Cannot open camera")
    exit()

w, h = 640, 360                          # 定義長寬
a = 1                                    # 存檔的檔名編號從 1 開始
run = 0                                  # 是否開始，0 表示尚未開始，1 表示開始
output = np.zeros((h,h,3), dtype='uint8')   # 設定合成的影像為一張全黑的畫
                                              布 ( 長寬使用正方形 )

while True:
    ret, img = cap.read()
    if not ret:
        print("Cannot receive frame")
        break
    img = cv2.resize(img,(w,h))                     # 縮小尺寸加快速度
    img = cv2.flip(img, 1)                          # 翻轉影像，使其如同鏡子
    img = img[:, int((w-h)/2):int((h+(w-h)/2))]     # 將影像變成正方形

    keyCode = cv2.waitKey(10)                       # 等待鍵盤事件
    if keyCode == ord('a') and run == 0:
        x = 0                                       # 如果按下 a，設定 x 為 0
        run = 1                                     # 開始合成
    elif keyCode == ord('q'):
        break                                       # 按下 q 就全部結束

    if run == 1:
        output[0:h, x:x+2] = img[0:h, x:x+2]        # 設定 output 的某個區域
                                                      為即時影像 img 的某區域
        cv2.line(img,(x+5,0),(x+5,h),(0,0,255),5)# 畫線 ( 因為線條寬度 5，
                                                      所以位移 5 )
        x = x + 2                                   # 改變 x 位置
        img[0:h,0:x] = output[0:h,0:x]              # 設定即時影像 img 的某區
                                                      域為 output
        cv2.imshow('oxxostudio',img)                # 顯示即時影像
        if x > h:
            keyCode = cv2.waitKey() == ord('s')     # 如果寬度抵達正方形邊緣，
                                                      等待鍵盤事件按下 s
            cv2.imwrite(f'oxxo-{a}.jpg',img)        # 存檔
            a = a + 1                               # 檔名編號增加 1
            run = 0                                 # 停止合成
    else:
        cv2.imshow('oxxostudio',img)          # 正常狀況下，一直顯示即時影像
```

```
cap.release()
cv2.destroyAllWindows()
```

✜ 範例程式碼：ch06/code15.py

（掃描 QRCode 可以觀看效果）

上到下的全景影像合成

運用同樣的原理，修改參數，就可將影像改成從上到下的全景影像合成。

```
import cv2
import numpy as np

cap = cv2.VideoCapture(0)
if not cap.isOpened():
    print("Cannot open camera")
    exit()

w, h = 640, 360                              # 定義長寬
a = 1                                        # 存檔的檔名編號從 1 開始
run = 0                                      # 是否開始，0 表示尚未開始，1 表示開始
output = np.zeros((h,h,3), dtype='uint8') # 設定合成的影像為一張全黑的畫布
while True:
```

```
    ret, img = cap.read()
    if not ret:
        print("Cannot receive frame")
        break
    img = cv2.resize(img,(w,h))                     # 縮小尺寸加快速度
    img = cv2.flip(img, 1)                          # 翻轉影像，使其如同鏡子
    img = img[:, int((w-h)/2):int((h+(w-h)/2))]   # 將影像變成正方形

    keyCode = cv2.waitKey(10)                       # 等待鍵盤事件
    if keyCode == ord('a') and run == 0:
        y = 0                                       # 如果按下 a，設定 y 為 0
        run = 1                                     # 開始合成
    elif keyCode == ord('q'):
        break                                       # 按下 q 就全部結束

    if run == 1:
        output[y:y+2, 0:h] = img[y:y+2, 0:h]      # 設定 output 的某個區域
                                                    為即時影像 img 的某區域
        cv2.line(img,(0,y+5),(h,y+5),(0,0,255),5)# 畫線
        y = y + 2                                   # 改變 x 位置
        img[0:y,0:h] = output[0:y,0:h]            # 設定即時影像 img 的某區
                                                    域為 output
        cv2.imshow('oxxostudio',img)                # 顯示即時影像
        if y > h:
            keyCode = cv2.waitKey() == ord('s') # 如果寬度抵達正方形邊緣，
                                                    等待鍵盤事件按下 s
            cv2.imwrite(f'oxxo-{a}.jpg',img)      # 存檔
            a = a + 1                               # 檔名編號增加 1
            run = 0                                 # 停止合成
    else:
        cv2.imshow('oxxostudio',img)            # 正常狀況下，一直顯示即時影像

cap.release()
cv2.destroyAllWindows()
```

✣ 範例程式碼：ch06/code16.py

(掃描 QRCode 可以觀看效果)

6-7 凸透鏡效果 (魚眼效果)

這個小節會透過 OpenCV 取得影像的像素內容和位置，搭配數學式的運算，計算出特定半徑內的凸透鏡成像，實作出類似魚眼或大頭狗的趣味效果。

凸透鏡效果的公式

定義一個「圓形」作為凸透鏡效果的範圍，根據圓形內每個點與中心點的距離，決定要形變的程度，**越靠近外側變形越小**，**越靠近中心點變形程度越大**，就可以做出凸透鏡的效果。

```
import cv2
import numpy as np

def convex(src_img, raw, effect):
    col, row, channel = raw[:]      # 取得圖片資訊
    cx, cy, r = effect[:]           # 取得凸透鏡的範圍
    output = np.zeros([row, col, channel], dtype = np.uint8)
                                    # 產生空白畫布
    for y in range(row):
```

```
        for x in range(col):
            d = ((x - cx) * (x - cx) + (y - cy) * (y - cy)) ** 0.5
                                                    # 計算每個點與中心點的距離
            if d <= r:
                nx = int((x - cx) * d / r + cx)
                                        # 根據不同的位置，產生新的 nx，
                                          越靠近中心形變越大
                ny = int((y - cy) * d / r + cy)
                                        # 根據不同的位置，產生新的 ny，
                                          越靠近中心形變越大
                output[y, x, :] = src_img[ny, nx, :]    # 產生新的圖
            else:
                output[y, x, :] = src_img[y, x, :]
                                        # 如果在半徑範圍之外，原封不動複製過去
    return output

img = cv2.imread('mona.jpg')
img = convex(img, (300, 400, 3), (150, 130, 100))
                                        # 提交參數數值，進行凸透鏡效果
cv2.imshow('oxxostudio', img)
cv2.waitKey(0)
cap.release()
cv2.destroyAllWindows()
```

✤ 範例程式碼：ch06/code17.py

 即時動態的凸透鏡效果

將靜態影像改成擷取攝影機畫面，就能做出即時動態的凸透鏡效果 (因為需要即時計算每個像素，影像尺寸太大可能會有效能的問題)。

```
import cv2
import numpy as np

def convex(src_img, raw, effect):
    col, row, channel = raw[:]
    cx, cy, r = effect[:]
    output = np.zeros([row, col, channel], dtype = np.uint8)
    for y in range(row):
        for x in range(col):
            d = ((x - cx) * (x - cx) + (y - cy) * (y - cy)) ** 0.5
            if d <= r:
                nx = int((x - cx) * d / r + cx)
                ny = int((y - cy) * d / r + cy)
                output[y, x, :] = src_img[ny, nx, :]
            else:
                output[y, x, :] = src_img[y, x, :]
    return output

cap = cv2.VideoCapture(0)
if not cap.isOpened():
    print("Cannot open camera")
    exit()
while True:
    ret, img = cap.read()                        # 讀取影片的每一幀
    if not ret:
        print("Cannot receive frame")            # 如果讀取錯誤，印出訊息
        break
    scale = 0.75
    w, h = int(640*scale), int(320*scale)
    cw, ch = int(w/2), int(h/2)                   # 取得中心點
    img = cv2.resize(img,(w, h))                  # 調整尺寸，加快速度
    img = convex(img, (w, h, 3), (cw, ch, 100))
    cv2.imshow('oxxostudio', img)
    if cv2.waitKey(100) == ord('q'):
        break
cap.release()
cv2.destroyAllWindows()
```

✤ 範例程式碼：ch06/code18.py

(掃描 QRCode 可以觀看效果)

6-8 倒數計時自動拍照效果

不論是數位相機還是手機的相機，都會具備「倒數計時自動拍照」的功能，這篇教學會介紹使用 OpenCV，實作倒數計時自動拍照的效果 (按下鍵盤後倒數秒數，時間到就會出現快門閃爍的效果進行拍照)。

拍照時的快門閃爍效果

使用手機倒數計時拍照時，在拍照的當下會出現快門閃爍效果 (整個畫面全白，然後白色逐漸消失再出現原本的畫面)，為了實現這個效果，必須要建立一個「全白」的圖片 (使用負片效果將 numpy 產生的全黑圖片反轉)，透過「權重疊加」的方式將白色圖片與原本影像重疊，接著讓白色慢慢消失，就能製作出類似閃爍一下的效果。

參考「4-5 影像的疊加與相減」章節中的「addWeighted() 影像權重疊加」。

```
import cv2
import numpy as np

img = cv2.imread('mona.jpg')                    # 開啟圖片
img = cv2.cvtColor(img, cv2.COLOR_BGR2BGRA)
                                    # 轉換成 BGRA ( 因為需要 alpha 色版 )
```

```
w = img.shape[1]                                          # 取得寬度
h = img.shape[0]                                          # 取得高度
white = 255 - np.zeros((h,w,4), dtype='uint8')            # 建立白色圖
a = 1                                                     # 一開始 a 為 1
while True:
    a = a - 0.01                                          # a 不斷減少 0.01
    if a<0: a = 0                                # 如果 a 小於 0 就讓 a 等於 0
    output = cv2.addWeighted(white, a, img, 1-a, 0)      # 根據 a 套用權重
    cv2.imshow('oxxostudio', output)                      # 顯示圖片
    if cv2.waitKey(1) == ord('q'):
        break
cap.release()                                   # 所有作業都完成後，釋放資源
cv2.destroyAllWindows()                         # 結束所有視窗
```

✤ 範例程式碼：ch06/code19.py

由於 imshow 如果指定同一個視窗，則在程式中只能出現一次，根據這個規則改寫程式，加入偵測「空白鍵」的功能，當按下空白鍵時，才會出現閃爍效果。

參考：8-4、偵測鍵盤行為。

```
import cv2
import numpy as np

cap = cv2.VideoCapture(0)

img = cv2.imread('mona.jpg')
img = cv2.cvtColor(img, cv2.COLOR_BGR2BGRA)
```

```
w = img.shape[1]
h = img.shape[0]
white = 255 - np.zeros((h,w,4), dtype='uint8')
a = 0                          # 開始時 a 等於 0
while True:

    key = cv2.waitKey(1)       # 偵測按鍵
    if key == 32:
        a = 1                  # 如果按下空白鍵，讓 a 等於 1
    elif key == ord('q'):
        break

    if a == 0:
        output = img.copy() # 如果 a 等於 0，複製來源圖片為 output
    else:
        output = cv2.addWeighted(white, a, img, 1-a, 0)
                              # 如果 a 等於 1，根據 a 套用權重
        a = a - 0.01          # a 不斷減少 0.01
        if a<0: a = 0         # 如果 a 小於 0 就讓 a 等於 0

    cv2.imshow('oxxostudio', output)

cap.release()
cv2.destroyAllWindows()
```

✤ 範例程式碼：ch06/code20.py

按下空白鍵就拍照

參考「3-3、讀取並播放影片」以及「3-2、寫入並儲存圖片」文章，將程式修改成讀取攝影鏡頭的影片，並在按下空白鍵時，將當下的圖片存檔，就能實現按下空白鍵拍照 (包含快門閃爍) 的效果。

```
import cv2
import numpy as np

cap = cv2.VideoCapture(0)

a = 0    # 白色圖片透明度
n = 0    # 檔名編號

if not cap.isOpened():
    print("Cannot open camera")
    exit()
while True:
    ret, img = cap.read()                  # 讀取影片的每一幀
    if not ret:
        print("Cannot receive frame")    # 如果讀取錯誤，印出訊息
        break
    img = cv2.cvtColor(img, cv2.COLOR_BGR2BGRA)  # 轉換顏色為 BGRA
    w = int(img.shape[1]*0.5)              # 縮小寬度為一半
    h = int(img.shape[0]*0.5)              # 縮小高度為一半
    img = cv2.resize(img,(w,h))            # 縮放尺寸
    white = 255 - np.zeros((h,w,4), dtype='uint8')   # 產生全白圖片

    key = cv2.waitKey(1)
    if key == 32:              # 按下空白將 a 等於 1
        a = 1
    elif key == ord('q'):      # 按下 q 結束
        break

    if a == 0:
        output = img.copy() # 如果 a 為 0，設定 output 變數為來源圖片的拷貝
    else:
        photo = img.copy()  # 如果 a 不為 0，設定 photo 變數為來源圖片的拷貝
        output = cv2.addWeighted(white, a, photo, 1-a, 0)
                              # 計算權重，產生白色慢慢消失效果
```

```
        a = a - 0.1
        if a<0:
            a = 0
            n = n + 1
            cv2.imwrite(f'photo-{n}.jpg', photo)    # 存檔

    cv2.imshow('oxxostudio', output)                # 顯示圖片

cap.release()                                # 所有作業都完成後，釋放資源
cv2.destroyAllWindows()                      # 結束所有視窗
```

✤ 範例程式碼：ch06/code21.py

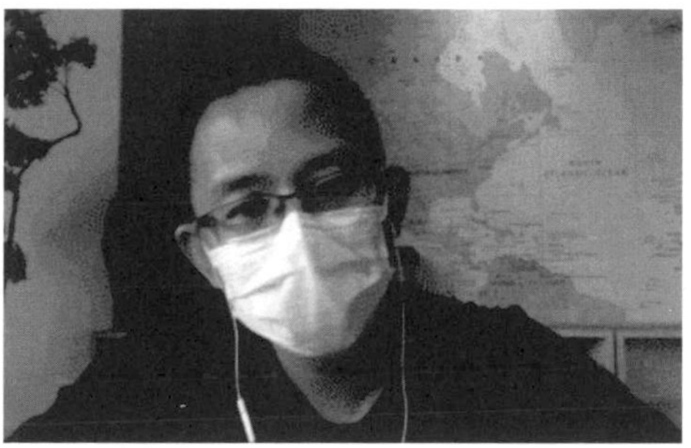

按下空白鍵，倒數計時自動拍照

參考「5-5、影像加入文字」文章，修改程式，在程式中新增一個 sec 秒數的變數以及對應的判斷，當按下空白鍵時，在畫面中會出現倒數的秒數，當秒數為 0 時就進行拍照。

```
import cv2
import numpy as np

cap = cv2.VideoCapture(0)

# 定義加入文字的函式
def putText(source, x, y, text, scale=2.5, color=(255,255,255)):
    org = (x,y)
    fontFace = cv2.FONT_HERSHEY_SIMPLEX
    fontScale = scale
```

```
    thickness = 5
    lineType = cv2.LINE_AA
    cv2.putText(source, text, org, fontFace, fontScale, color,
thickness, lineType)

a = 0
n = 0

if not cap.isOpened():
    print("Cannot open camera")
    exit()
while True:
    ret, img = cap.read()
    if not ret:
        print("Cannot receive frame")
        break
    img = cv2.cvtColor(img, cv2.COLOR_BGR2BGRA)
    w = int(img.shape[1]*0.5)
    h = int(img.shape[0]*0.5)
    img = cv2.resize(img,(w,h))
    white = 255 - np.zeros((h,w,4), dtype='uint8')

    key = cv2.waitKey(1)
    if key == 32:
        a = 1
        sec = 4  # 加入倒數秒數
    elif key == ord('q'):
        break
    if a == 0:
        output = img.copy()
    else:
        output = img.copy()  # 設定 output 和 photo 變數
        photo = img.copy()
        sec = sec - 0.05     # sec 不斷減少 0.05 ( 根據個人電腦效能設定，使其
                               搭配 while 迴圈看起來像倒數一秒 )
        putText(output, 10, 70, str(int(sec)))  # 加入文字
        # 如果秒數小於 1
        if sec < 1:
            output = cv2.addWeighted(white, a, photo, 1-a, 0)
            a = a - 0.1
            if a<0:
                a = 0
                n = n + 1
```

```
                cv2.imwrite(f'photo-{n}.jpg', photo)
    cv2.imshow('oxxostudio', output)

cap.release()
cv2.destroyAllWindows()
```

✤ 範例程式碼：ch06/code22.py

（掃描 QRCode 可以觀看效果）

小結

OpenCV 提供了豐富的影像處理技巧和功能，可以進行更多更有趣的影像特殊效果。這個章節介紹了一些實用又有趣的影像效果，例如模糊、馬賽克、萬花筒、多畫面延遲、搞笑和凸透鏡效果等，這些效果能夠將影像處理轉變成一種有趣的體驗，並為圖像處理帶來更多的創意和樂趣。因此，學習和掌握這些技巧不僅可以提高影像處理的技能水平，還可以發揮更多的創意和想像力，為影像處理注入更多的靈感和趣味性。

第 7 章

OpenCV 影像進階處理

7-1、影像邊緣偵測

7-2、影像的侵蝕與膨脹

7-3、影像遮罩

7-4、邊緣羽化效果（邊緣模糊化）

7-5、合成半透明圖片

7-6、處理 gif 動畫

7-7、影片轉透明背景 gif 動畫

7-8、辨識 QRCode 和 BarCode

7-9、掃描 QRCode 切換效果

前言

這個章節將介紹一些使用 OpenCV 進行影像處理和應用的技術，包括邊緣檢測、侵蝕與膨脹、遮罩處理、羽化邊緣、圖像合成、GIF 製作、影片轉 GIF、QR Code 和 BarCode 的識別等技術。透過這些技術的應用，將能更深入了解 OpenCV 的功能，並能夠運用這些技術來解決實際問題。

- 本章節的範例程式碼：
  https://github.com/oxxostudio/book-code/tree/master/opencv/ch07

7-1 影像邊緣偵測

這個小節會介紹 OpenCV 三種影像邊緣偵測的方法 (Laplacian()、Sobel()、Canny())，透過這些方法，可以針對影像進行邊緣偵測，並將偵測的結果輸出成為新的影像。

Laplacian()

使用 OpenCV 的 Laplacian() 方法，可以針對「灰階圖片」，使用拉普拉斯運算子進行偵測邊緣的轉換，使用方法如下：

```
cv2.Laplacian(img, ddepth, ksize, scale)
# img 來源影像
# ddepth 影像深度，設定 -1 表示使用圖片原本影像深度
# ksize 運算區域大小，預設 1 ( 必須是正奇數 )
# scale 縮放比例常數，預設 1 ( 必須是正奇數 )
```

下面的例子會將蒙娜麗莎圖片轉灰階後，再套用模糊化效果，最後使用 Laplacian() 方法產生邊緣偵測的影像。

參考：6-1、影像模糊化。

```
import cv2
img = cv2.imread('mona.jpg')
img = cv2.cvtColor(img, cv2.COLOR_BGR2GRAY)  # 轉成灰階
img = cv2.medianBlur(img, 7)                 # 模糊化，去除雜訊
output = cv2.Laplacian(img, -1, 1, 5)        # 偵測邊緣
cv2.imshow('oxxostudio', output)
cv2.waitKey(0)                               # 按下任意鍵停止
cv2.destroyAllWindows()
```

✜ 範例程式碼：ch07/code01.py

Sobel()

使用 OpenCV 的 Sobel() 方法，可以針對「灰階圖片」，使用索伯運算子進行偵測邊緣的轉換，使用方法如下：

```
cv2.Sobel(img, ddepth, dx, dy, ksize, scale)
# img 來源影像
# dx 針對 x 軸抓取邊緣
# dy 針對 y 軸抓取邊緣
# ddepth 影像深度，設定 -1 表示使用圖片原本影像深度
# ksize 運算區域大小，預設 1 ( 必須是正奇數 )
# scale 縮放比例常數，預設 1 ( 必須是正奇數 )
```

下面的例子會將蒙娜麗莎圖片轉灰階後，再套用模糊化效果，最後使用 Sobel() 方法產生邊緣偵測的影像。

```
import cv2
img = cv2.imread('mona.jpg')
img = cv2.cvtColor(img, cv2.COLOR_BGR2GRAY)  # 轉成灰階
img = cv2.medianBlur(img, 7)                 # 模糊化，去除雜訊
output = cv2.Sobel(img, -1, 1, 1, 1, 7)      # 偵測邊緣
cv2.imshow('oxxostudio', output)
cv2.waitKey(0)
cv2.destroyAllWindows()
```

✣ 範例程式碼：ch07/code02.py

Canny()

使用 OpenCV 的 Canny() 方法，可以針對「灰階圖片」，使用 Canny 運算子進行偵測邊緣的轉換，使用方法如下：

```
cv2.Canny(img, threshold1, threshold2, apertureSize)
# img 來源影像
# threshold1 門檻值，範圍 0～255
# threshold2 門檻值，範圍 0～255
# apertureSize 計算梯度的 kernel size，預設 3
```

下面的例子會將蒙娜麗莎圖片轉灰階後，再套用模糊化效果，最後使用 Canny() 方法產生邊緣偵測的影像。

```
import cv2
img = cv2.imread('mona.jpg')
img = cv2.cvtColor(img, cv2.COLOR_BGR2GRAY)   # 轉成灰階
img = cv2.medianBlur(img, 7)                  # 模糊化，去除雜訊
output = cv2.Canny(img, 36, 36)               # 偵測邊緣
print(output)
cv2.imshow('oxxostudio', output)
cv2.waitKey(0)
cv2.destroyAllWindows()
```

✤ 範例程式碼：ch07/code03.py

影片的影像邊緣偵測

延伸「3-3、讀取並播放影片」文章的範例，在程式碼中使用 Canny() 邊緣偵測方法，就能將電腦鏡頭拍攝的畫面，即時轉換成只剩下邊緣的影像。

```
import cv2
cap = cv2.VideoCapture(0)
if not cap.isOpened():
    print("Cannot open camera")
    exit()
while True:
    ret, frame = cap.read()
    if not ret:
        print("Cannot receive frame")
        break
    img = cv2.cvtColor(frame, cv2.COLOR_BGR2GRAY)   # 轉成灰階
    img = cv2.medianBlur(img, 7)                    # 模糊化，去除雜訊
    img = cv2.Canny(img, 36, 36)                    # 偵測邊緣
    cv2.imshow('oxxostudio', img)
    if cv2.waitKey(1) == ord('q'):
        break                                       # 按下 q 鍵停止
cap.release()
cv2.destroyAllWindows()
```

✤ 範例程式碼：ch07/code04.py

（掃描 QRCode 可以觀看效果）

7-2 影像的侵蝕與膨脹

這個小節會介紹兩種 OpenCV 的影像形態學處理：侵蝕（Erosion）和膨脹（Dilation），透過這兩種處理方式，能夠實現去除雜訊或是連接破碎景物的功能。

什麼是侵蝕（Erosion）？

當空間中有兩個集合（A 集合和 B 集合），當 A 集合的部分空間被 B 集合所取代，則稱之為「侵蝕（Erosion）」，通常進行侵蝕後的影像，黑色區域會擴張，白色區域會縮小。

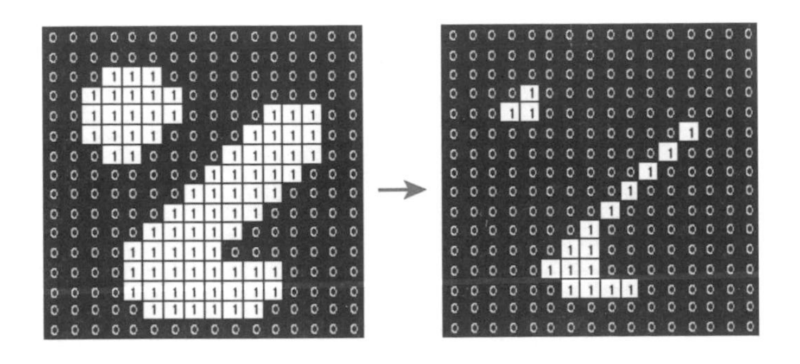

什麼是膨脹 (Dilation) ?

當空間中有兩個集合 (A 集合和 B 集合)，當 A 集合的部分空間擴張到 B 集合，則稱之為「膨脹 (Dilation)」，通常進行膨脹後的影像，白色區域會擴張，黑色區域會縮小。

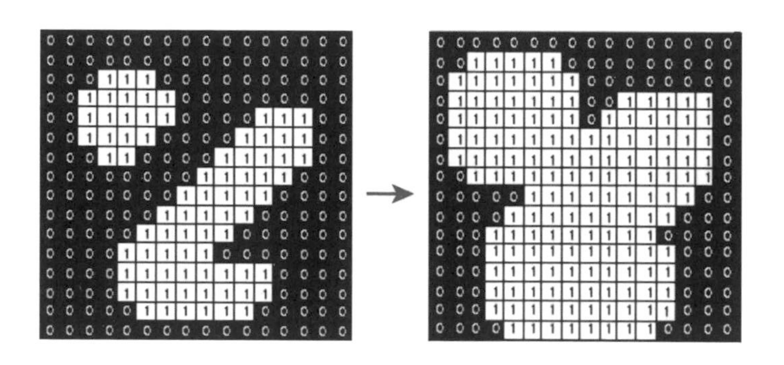

如何使用侵蝕與膨脹？

在進行影像的侵蝕或膨脹之前，需要使用 cv2.getStructuringElement 方法，執行後會返回指定大小和形狀的結構元素，接著就會參考這些結構元素進行侵蝕或膨脹，使用方法如下：

```
kernel = cv2.getStructuringElement(shape, ksize)
# 返回指定大小形狀的結構元素
# shape 的內容：cv2.MORPH_RECT ( 矩形 )、cv2.MORPH_CROSS ( 十字交叉 )、
cv2.MORPH_ELLIPSE ( 橢圓形 )
# ksize 的格式：(x, y)

img = cv2.erode(img, kernel)    # 侵蝕
img = cv2.dilate(img, kernel)  # 擴張
```

透過侵蝕與膨脹，去除影像中的雜訊

下方的程式碼執行後，會先將圖片進行侵蝕，侵蝕後，比較小的白色圓點就會因為侵蝕而消失，接著再進行膨脹，就可以將主體結構恢復原本

的大小，實現去除雜訊的效果 (恢復原本大小後，邊緣會因為計算的緣故不如原本的銳利)，這種做法常搭配邊緣偵測、黑白二值化等方法，應用在文字辨識或影像辨識的領域。

```
import cv2
img = cv2.imread('test.jpg')
cv2.imshow('oxxostudio1', img)    # 原始影像

img2 = cv2.cvtColor(img, cv2.COLOR_BGR2GRAY)
kernel = cv2.getStructuringElement(cv2.MORPH_RECT, (11, 11))

img = cv2.erode(img, kernel)      # 先侵蝕，將白色小圓點移除
cv2.imshow('oxxostudio2', img)    # 侵蝕後的影像

img = cv2.dilate(img, kernel)     # 再膨脹，白色小點消失
cv2.imshow('oxxostudio3', img)    # 膨脹後的影像

cv2.waitKey(0)                    # 按下 q 鍵停止
cv2.destroyAllWindows()
```

✤ 範例程式碼：ch07/code05.py

7-3 影像遮罩

這個小節會介紹 OpenCV 的「交集、聯集、互斥、非」的操作方法 (bitwise_and、bitwise_or、bitwise_xor、bitwise_not)，透過這些方法的交互應用，做出影像遮罩的效果，進一步實現將去背的圖形和另外一張圖片合成。

交集、聯集、互斥、非

假設一張圖片裡有兩個圓，參考下圖可以了解「交集 (and)、聯集 (or)、互斥 (xor)、非 (not)」的關係，透過 OpenCV 運算時，就會按照關聯性，將每個像素的色彩進行相加或相減的動作。

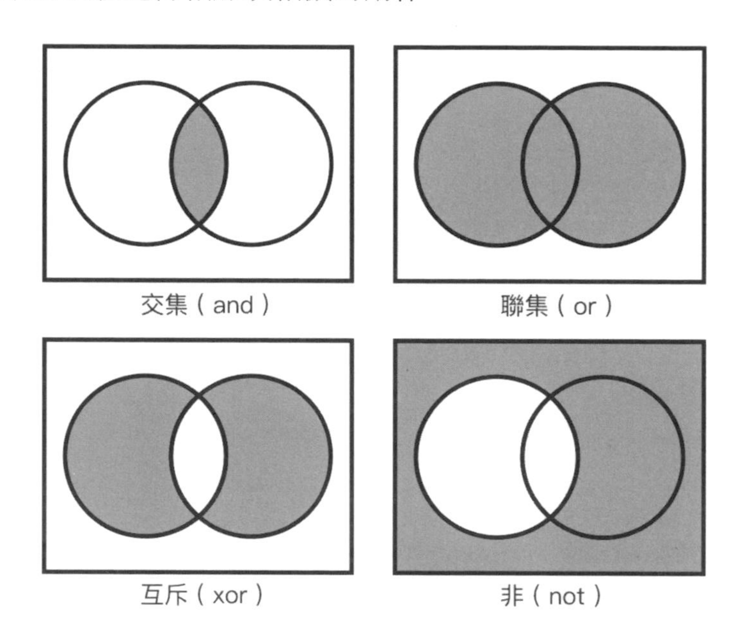

bitwise_and() 交集

使用 OpenCV 的 bitwise_and() 方法，可以將兩張影像的像素顏色，進行「交集」運算，使用方法如下：

```
cv2.bitwise_and(img1, img2, mask)
# img1 第一張圖
# img2 第二張圖
# mask 遮罩影像 ( 非必須 )
```

下方的例子，會將兩張圖片以交集的方式，組合成一張新的圖片 (ffff00 和 00ffff 的交集是 00ff00 綠色)。

```
import cv2
```

```
img1 = cv2.imread('test1.png')
img2 = cv2.imread('test2.png')
output = cv2.bitwise_and(img1, img2)  # 使用 bitwise_and
cv2.imshow('oxxostudio', output)
cv2.waitKey(0)                        # 按下任意鍵停止
cv2.destroyAllWindows()
```

✤ 範例程式碼：ch07/code06.py

bitwise_or() 聯集

使用 OpenCV 的 bitwise_or() 方法，可以將兩張影像的像素顏色，進行「聯集」運算，使用方法如下：

```
cv2.bitwise_or(img1, img2, mask)
# img1 第一張圖
# img2 第二張圖
# mask 遮罩影像 ( 非必須 )
```

下方的例子，會將兩張圖片以聯集的方式，組合成一張新的圖片 (ffff00 和 00ffff 的聯集是 ffffff 白色)。

```
import cv2
img1 = cv2.imread('test1.png')
img2 = cv2.imread('test2.png')
output = cv2.bitwise_or(img1, img2)  # 使用 bitwise_or
cv2.imshow('oxxostudio', output)
cv2.waitKey(0)
cv2.destroyAllWindows()
```

✤ 範例程式碼：ch07/code07.py

bitwise_xor() 差集

使用 OpenCV 的 bitwise_xor() 方法，可以將兩張影像的像素顏色，進行「差集」運算，使用方法如下：

```
cv2.bitwise_or(img1, img2, mask)
# img1 第一張圖
# img2 第二張圖
# mask 遮罩影像 ( 非必須 )
```

下方的例子，會將兩張圖片以差集的方式，組合成一張新的圖片 (ffff00 和 00ffff 的差集是 ff00ff 洋紅色)。

```
import cv2
img1 = cv2.imread('test1.png')
img2 = cv2.imread('test2.png')
output = cv2.bitwise_xor(img1, img2)  # 使用 bitwise_xor
cv2.imshow('oxxostudio', output)
cv2.waitKey(0)
cv2.destroyAllWindows()
```

✣ 範例程式碼：ch07/code08.py

bitwise_not() 非

使用 OpenCV 的 bitwise_xor() 方法，可以將影像進行「非」(相反) 運算，使用方法如下：

```
cv2.bitwise_or(img)
# img 來源圖片
# mask 遮罩影像 ( 非必須 )
```

下方的例子，會將圖片以「非」的方式，變成一張新的圖片 (ffff00 的非為 0000ff，周圍 000000 的非為 ffffff)。

```
import cv2
img1 = cv2.imread('test1.png')
output = cv2.bitwise_not(img1)  # 使用 bitwise_not
cv2.imshow('oxxostudio', output)
cv2.waitKey(0)
cv2.destroyAllWindows()
```

✤ 範例程式碼：ch07/code09.py

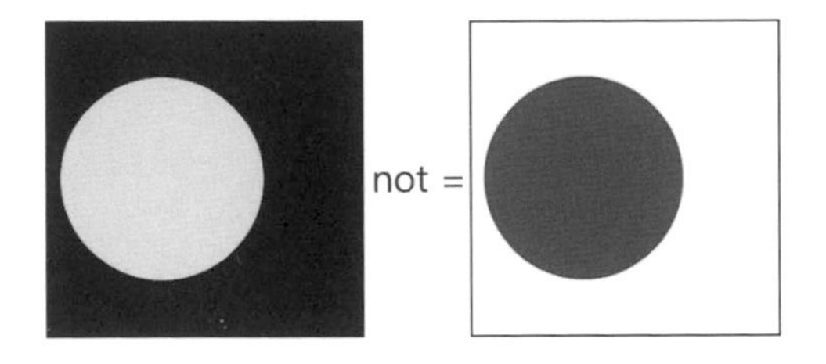

使用 mask 參數

上述的四種操作方法中，都有一個非必填的 mask 參數，這個參數可以提供影像一個灰階的「遮罩圖片」，圖片中黑色表示透明，白色表示不透明，下方的例子加入了 mask 參數，最後產生的圖片就會只留下中間長方形的部分。

```
import cv2
img1 = cv2.imread('test1.png')
img2 = cv2.imread('test2.png')
```

```
mask = cv2.imread('mask.png')                          # 遮罩圖片
mask = cv2.cvtColor(mask, cv2.COLOR_BGR2GRAY)          # 轉換成灰階模式
output = cv2.bitwise_xor(img1, img2, mask=mask)   # 加入 mask 參數
cv2.imshow('oxxostudio', output)
cv2.waitKey(0)
cv2.destroyAllWindows()
```

✤ 範例程式碼：ch07/code10.py

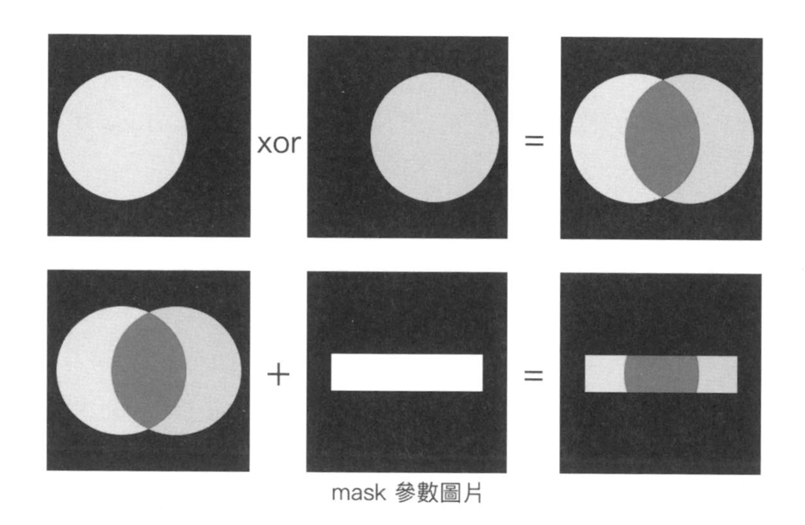

圖片去背與合成

了解遮罩的原理後，就可以將 OpenCV 的 logo 圖片進行去背，並將去背的圖片與另外一張圖片合成，完整步驟如下圖所示：

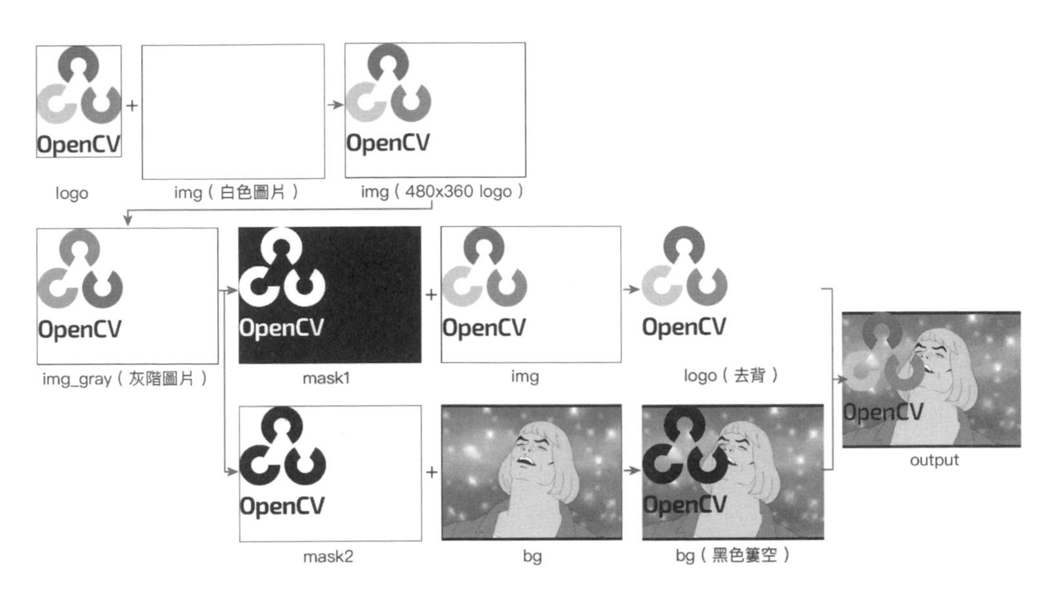

參考步驟，撰寫對應的程式碼，執行後就會看見去背的 logo 圖片和背景圖合成為新的圖片。

```
import cv2
import numpy as np

logo = cv2.imread('logo.jpg')                          # 讀取 OpenCV 的 logo
size = logo.shape                                      # 讀取 logo 的長寬尺寸

img = np.zeros((360,480,3), dtype='uint8')
# 產生一張 480x360 背景全黑的圖
img[0:360, 0:480] = '255'
# 將圖片變成白色 （配合 logo 是白色底）
img[0:size[0], 0:size[1]] = logo
# 將圖片的指定區域，換成 logo 的圖案
img_gray = cv2.cvtColor(img, cv2.COLOR_BGR2GRAY)
# 產生一張灰階的圖片作為遮罩使用
ret, mask1  = cv2.threshold(img_gray, 200, 255, cv2.THRESH_BINARY_INV)
# 使用二值化的方法，產生黑白遮罩圖片
logo = cv2.bitwise_and(img, img, mask = mask1 )  # logo 套用遮罩

bg = cv2.imread('meme.jpg')                            # 讀取底圖
ret, mask2  = cv2.threshold(img_gray, 200, 255, cv2.THRESH_BINARY)
# 使用二值化的方法，產生黑白遮罩圖片
bg = cv2.bitwise_and(bg, bg, mask = mask2 )        # 底圖套用遮罩
```

```
output = cv2.add(bg, logo)                    # 使用 add 方法將底圖和 logo 合併
cv2.imshow('oxxostudio', output)
cv2.waitKey(0)
cv2.destroyAllWindows()
```

✣ 範例程式碼：ch07/code11.py

影片的遮罩效果

延伸「3-3、讀取並播放影片」文章的範例，套用遮罩的效果，就能即時將攝影機拍攝的影片加上遮罩效果。

```
import cv2
import numpy as np

logo = cv2.imread('logo.jpg')
size = logo.shape
img = np.zeros((360,600,3), dtype='uint8')
img[0:360, 0:600] = '255'
img[0:size[0], 0:size[1]] = logo
img_gray = cv2.cvtColor(img, cv2.COLOR_BGR2GRAY)
ret, mask1  = cv2.threshold(img_gray, 200, 255, cv2.THRESH_BINARY_INV)
logo = cv2.bitwise_and(img, img, mask = mask1 )
ret, mask2  = cv2.threshold(img_gray, 200, 255, cv2.THRESH_BINARY)

cap = cv2.VideoCapture(0)
if not cap.isOpened():
```

```
    print("Cannot open camera")
    exit()
while True:
    ret, frame = cap.read()
    if not ret:
        print("Cannot receive frame")
        break
    frame = cv2.resize(frame,(600, 360))    # 調整圖片尺寸
    bg = cv2.bitwise_and(frame, frame, mask = mask2 )
    output = cv2.add(bg, logo)
    cv2.imshow('oxxostudio', output)
    if cv2.waitKey(1) == ord('q'):
        break       # 按下 q 鍵停止
cap.release()
cv2.destroyAllWindows()
```

✤ 範例程式碼：ch07/code12.py

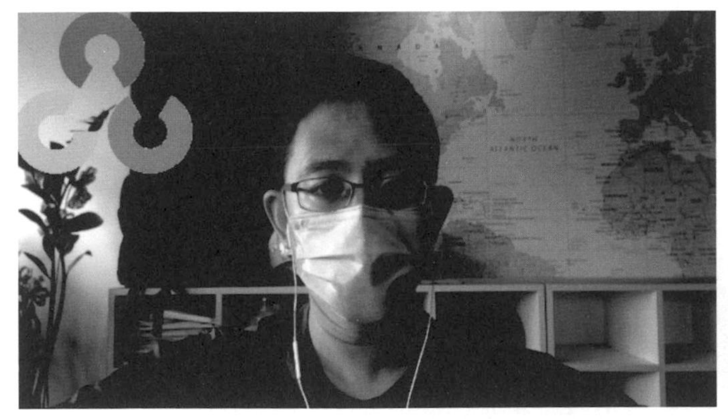

(掃描 QRCode 可以觀看效果)

熟悉原理後，將程式碼做一些變化，就能變成影片套用 logo 遮罩，logo 鏤空的部分才會出現影片。

```
import cv2
import numpy as np

logo = cv2.imread('logo.jpg')
size = logo.shape
img = np.zeros((360,600,3), dtype='uint8')
img[0:360, 0:600] = '255'
img[30:30+size[0], 155:155+size[1]] = logo          # 將 logo 置中
```

```
img_gray = cv2.cvtColor(img, cv2.COLOR_BGR2GRAY)
ret, mask1  = cv2.threshold(img_gray, 200, 255, cv2.THRESH_BINARY_INV)

cap = cv2.VideoCapture(0)
if not cap.isOpened():
    print("Cannot open camera")
    exit()
while True:
    ret, frame = cap.read()
    if not ret:
        print("Cannot receive frame")
        break
    frame = cv2.resize(frame,(600, 360))
    output = cv2.bitwise_not(frame, mask = mask1 )      # 套用 not 和遮罩
    output = cv2.bitwise_not(output, mask = mask1 )
                                           # 再次套用 not 和遮罩，將色彩轉成原來的顏色
    cv2.imshow('oxxostudio', output)
    if cv2.waitKey(1) == ord('q'):
        break
cap.release()
cv2.destroyAllWindows()
```

✣ 範例程式碼：ch07/code13.py

（掃描 QRCode 可以觀看效果）

7-4 邊緣羽化效果 (邊緣模糊化)

這個小節會介紹使用 OpenCV 搭配 NumPy 的基本數學運算，透過影像遮罩的方式，實現影像邊緣羽化的效果 (邊緣模糊化效果)。

建立邊緣模糊遮罩圖片

使用 np.zeros 建立黑色畫布後，在畫布中心加入白色的圓形，接著進行高斯模糊，就完成一張邊緣模糊的遮罩圖片。

```
import cv2
import numpy as np

mask = np.zeros((300,300,3), dtype='uint8')       # 建立 300x300 的黑色畫布
cv2.circle(mask,(150,150),100,(255,255,255),-1)
                                        # 在畫布上中心點加入一個半徑 100 的白色圓形
mask = cv2.GaussianBlur(mask, (35, 35), 0)          # 進行高斯模糊

cv2.imshow('oxxostudio', mask)
cv2.waitKey(0)
cv2.destroyAllWindows()
```

✤ 範例程式碼：ch07/code14.py

根據遮罩黑白比例，合成主角與背景

因為 OpenCV 的遮罩方法 (參考「影像遮罩」) 所產生的遮罩「不具有半透明」的功能，因此**如果要實現邊緣漸層半透明的邊緣羽化效果，必須根據黑色白色的比例進行主角與背景的混合**，下方的程式碼執行後，會讀取一張和遮罩同樣尺寸的圖片，以及產生同尺寸的一張白色背景，**根據遮罩的黑白比例，將白色區域套用到圖片，將黑色區域套用到背景**，就能產生邊緣羽化的圖片效果。

```
import cv2
import numpy as np

mask = np.zeros((300,300,3), dtype='uint8')
cv2.circle(mask,(150,150),100,(255,255,255),-1)
mask = cv2.GaussianBlur(mask, (35, 35), 0)
mask = mask / 255                    # 除以 255，計算每個像素的黑白色彩在 255 中
                                       所佔的比例

img = cv2.imread('mona.jpg')                    # 開啟圖片
bg = np.zeros((300,300,3), dtype='uint8')  # 產生一張黑色背景
bg = 255 - bg                                   # 轉換成白色背景
img = img / 255                      # 除以 255，計算每個像素的色彩在 255 中所佔
                                       的比例
bg = bg / 255                        # 除以 255，計算每個像素的色彩在 255 中所佔
                                       的比例

out  = bg * (1 - mask) + img * mask             # 根據比例混合
out = (out * 255).astype('uint8')               # 乘以 255 之後轉換成整數

cv2.imshow('oxxostudio',out)
cv2.waitKey(0)
cv2.destroyAllWindows()
```

✣ 範例程式碼：ch07/code15.py

更換背景圖案，就可以做出邊緣羽化的合成效果。

7-5 合成半透明圖片

這個小節會介紹如何使用 OpenCV 將一張半透明的圖片，與另外一張圖片進行合成，同樣的做法也可將透明背景的圖片貼到另外一張圖片上。

兩張圖片進行半透明漸層合成

準備兩張長寬尺寸相同的圖片 (如果尺寸不同可用 resize 或裁切方式轉換成相同尺寸)，使用 for 迴圈，讀取水平方向從左而右的像素，根據位置的比例，混合該像素的顏色，就能做到半透明漸層合成的效果。

```
import cv2

img1 = cv2.imread('mona.jpg')
img2 = cv2.imread('girl.jpg')
w = img1.shape[1]    # 讀取圖片寬度
h = img1.shape[0]    # 讀取圖片高度

for i in range(w):
    img1[:,i,0] = img1[:,i,0]*((300-i)/300) + img2[:,i,0]*(i/300)
                     # 藍色按照比例混合
    img1[:,i,1] = img1[:,i,1]*((300-i)/300) + img2[:,i,1]*(i/300)
                     # 紅色按照比例混合
    img1[:,i,2] = img1[:,i,2]*((300-i)/300) + img2[:,i,2]*(i/300)
                     # 綠色按照比例混合

cv2.imwrite('oxxostudio.png', save)

show = img1.astype('float32')/255     # 如果要使用 imshow 必須要轉換類型
cv2.imshow('oxxostudio.png', show)

cv2.waitKey(0)        # 按下任意鍵停止
cv2.destroyAllWindows()
```

✜ 範例程式碼：ch07/code16.py

貼上透明背景圖片

如果要在某張圖片裡，貼上帶有透明背景的圖片（例如 png），可以透過透明背景圖片的 alpha 值，計算該像素是否要換成透明背景圖片的不透明部分，下方的程式碼會在蒙娜麗莎的圖片中間，貼上透明背景的 OpenCV logo。

```
import cv2

mona = cv2.imread('mona.jpg')
logo = cv2.imread('logo.png', cv2.IMREAD_UNCHANGED)
                                   # 使用 cv2.IMREAD_UNCHANGED 讀取 png，保留
                                     alpha 色版
mona_w = mona.shape[1]         # 蒙娜麗莎寬度
mona_h = mona.shape[0]         # 蒙娜麗莎高度
logo_w = logo.shape[1]         # logo 寬度
logo_h = logo.shape[0]         # logo 高度
dh = int((mona_h - logo_h) / 2)  # 如果 logo 要垂直置中，和上方的距離
h = dh + logo_h                # 計算蒙娜麗莎裡，logo 所在的高度位置

# 透過迴圈，根據背景透明度，計算出該像素的顏色
for i in range(logo_w):
    mona[dh:h,i,0] = mona[dh:h,i,0]*(1-logo[:,i,3]/255) +
logo[:,i,0]*(logo[:,i,3]/255)
    mona[dh:h,i,1] = mona[dh:h,i,1]*(1-logo[:,i,3]/255) +
logo[:,i,1]*(logo[:,i,3]/255)
    mona[dh:h,i,2] = mona[dh:h,i,2]*(1-logo[:,i,3]/255) +
logo[:,i,2]*(logo[:,i,3]/255)

cv2.imwrite('oxxostudio.png', mona)

mona = mona.astype('float32')/255     # 如果要使用 imshow 必須要轉換類型
cv2.imshow('oxxostudio', mona)

cv2.waitKey(0)
cv2.destroyAllWindows()
```

✤ 範例程式碼：ch07/code17.py

7-6 處理 gif 動畫

這個小節會介紹使用 OpenCV 搭配 Pillow 函式庫，針對 gif 動畫圖檔進行開啟、編輯與儲存的動作，並進一步將多張圖片組合成 gif 動畫 (包含背景透明的 gif 圖檔)，或將影片轉換成 gif 動畫。

安裝 Pillow

由於 OpenCV 無法直接處理 gif 圖檔，所以使用 Pillow 開啟 gif 動畫，輸入下面的指令，安裝 Pillow 函式庫。

```
pip install Pillow
```

開啟 gif 動畫，將每一格儲存為 jpg

使用 Image.open 開啟 gif 動畫後，透過 ImageSequence.Iterator 搭配 for 迴圈，取出動畫裡每一個影格，最後使用 save 的方法將每一個影格儲存為 jpg 靜態圖檔 (因為 gif 的顏色模式為 P mode，如果要儲存為 jpg 必須要先轉換為 RGB)。

✤ 範例圖檔：https://steam.oxxostudio.tw/download/python/opencv-gif-dot.gif

```
from PIL import Image,ImageSequence

gif = Image.open('dot.gif')                    # 讀取動畫圖檔

i = 0                                          # 設定編號變數
for frame in ImageSequence.Iterator(gif):
    frame = frame.convert('RGB')               # 取出每一格轉換成 RGB
    frame.save(f'frame{i}.jpg', quality=65, subsampling=0) # 儲存為 jpg
    i = i + 1                                  # 編號增加 1
```

✤ 範例程式碼：ch07/code18.py

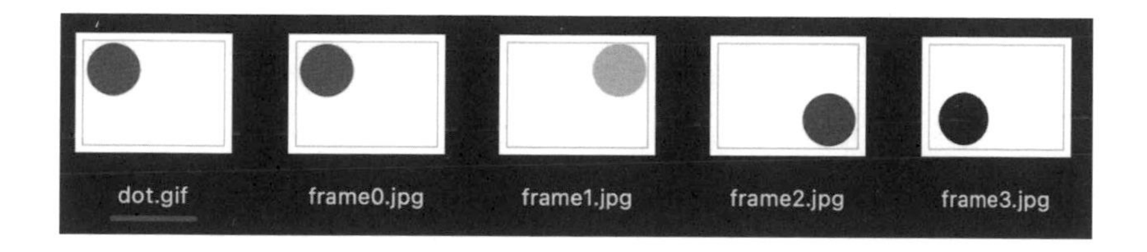

OpenCV 預覽 gif 動畫

使用 PIL 讀取 gif 動畫圖檔後，搭配 NumPy 將圖檔內容轉換成 OpenCV 可以讀取的 NumPy 陣列，就能透過 OpenCV 顯示動畫的每一個影格。

```
from PIL import Image,ImageSequence
import cv2
import numpy as np

gif = Image.open('dot.gif')

img_list = []                                       # 建立儲存影格的空串列
for frame in ImageSequence.Iterator(gif):
    frame = frame.convert('RGBA')                   # 轉換成 RGBA
    opencv_img = np.array(frame, dtype=np.uint8)    # 轉換成 numpy 陣列
    opencv_img = cv2.cvtColor(opencv_img, cv2.COLOR_RGBA2BGRA)
```

```
                                                    # 顏色從 RGBA 轉換為 BGRA
    img_list.append(opencv_img)                     # 利用串列儲存該圖片資訊

loop = True                                         # 設定 loop 為 True
while loop:
    for i in img_list:
        cv2.imshow('oxxostudio', i)                 # 不斷讀取並顯示串列中的圖片內容
        if cv2.waitKey(200) == ord('q'):
            loop = False                            # 停止時同時也將 while 迴圈停止
            break
cv2.destroyAllWindows()
```

✥ 範例程式碼：ch07/code19.py

編輯並儲存 gif 動畫

開啟 gif 動畫後，可以利用 OpenCV 編輯，再透過 Pillow 的 save 方法儲存為新的 gif，如果要儲存為「gif 動畫」，需要按照下方規則設定 save：

```
frame1.save("oxxostudio.gif", save_all=True, append_images=frame_list,
duration=200, disposal=2)

# frame1：gif 動畫第一個影格
# save_all：設定 True 表示儲存全部影格，否則只有第一個
# append_images：要添加到 frame1 影格的其他影格，串列格式，通常會用 frame[1:]
  來添加除了第一個影格之後的所有影格
# duration：每個影格之間的毫秒數，支援串列格式
# disposal：添加模式，預設 0，如果背景透明，則設定為 2 避免影格彼此覆蓋覆蓋
```

下方的程式執行後，會先開啟 gif 動畫，然後在每一個影格的中間加上黑色區塊與文字，最後再組合成新的 gif 動畫。

```
from PIL import Image,ImageSequence
import cv2
import numpy as np

gif = Image.open('dot.gif')

img_list = []
```

```
for frame in ImageSequence.Iterator(gif):
    frame = frame.convert('RGBA')
    opencv_img = np.array(frame, dtype=np.uint8)
    opencv_img = cv2.cvtColor(opencv_img, cv2.COLOR_RGBA2BGRA)

    # 在圖形中間繪製黑色方塊
    cv2.rectangle(opencv_img,(100,120),(300,180),(0,0,0),-1)

    # 在黑色方塊上方加入文字
    text = 'oxxo.studio'
    org = (110,160)
    fontFace = cv2.FONT_HERSHEY_SIMPLEX
    fontScale = 1
    color = (255,255,255)
    thickness = 2
    lineType = cv2.LINE_AA
    cv2.putText(opencv_img, text, org, fontFace, fontScale, color,
thickness, lineType)

    img_list.append(opencv_img)

loop = True
while loop:
    for i in img_list:
        cv2.imshow('oxxostudio', i)
        if cv2.waitKey(200) == ord('q'):
            loop = False
            break
# 建立要輸出的影格串列
output = []
for i in img_list:
    img = i
    img = cv2.cvtColor(img, cv2.COLOR_BGRA2RGBA)
                                    # 因為 OpenCV 為 BGRA，要轉換成 RGBA
    img = Image.fromarray(img)      # 轉換成 PIL 格式
    img = img.convert('RGB')        # 轉換成 RGB ( 如果是 RGBA 會自動將黑色白
                                      色變成透明色 )
    output.append(img)              # 加入 output
                                    # 儲存為 gif 動畫圖檔
output[0].save("oxxostudio.gif", save_all=True, append_
images=output[1:],
duration=200, loop=0, disposal=0)
```

```
cv2.destroyAllWindows()
```

✤ 範例程式碼：ch07/code20.py

（掃描 QRCode 可以觀看效果）

靜態圖片組合成 gif 動畫

單純使用 PIL 依序開啟靜態圖片，將圖片依序加入串列中，最後再透過 save 方法儲存為 gif。

範例圖檔：

- https://steam.oxxostudio.tw/download/python/opencv-gif-frame0.jpg
- https://steam.oxxostudio.tw/download/python/opencv-gif-frame1.jpg
- https://steam.oxxostudio.tw/download/python/opencv-gif-frame2.jpg
- https://steam.oxxostudio.tw/download/python/opencv-gif-frame3.jpg

```
from PIL import Image,ImageSequence

gif = []
for i in range(4):
    img = Image.open(f'frame{i}.jpg')   # 開啟圖片
    gif.append(img)                     # 加入串列
# 儲存為 gif
gif[0].save("oxxostudio.gif", save_all=True, append_images=gif[1:],
duration=200,
loop=0, disposal=0)
```

✤ 範例程式碼：ch07/code21.py

影片轉換為 gif 動畫

運用上方所介紹的原理，就能將影片自動轉換成 gif 動畫，**轉換過程中設定 cv2.waitKey(ms) 的數值，就可以定義每多少毫秒截取一張圖片，也**可以避免 gif 檔案大小過大的問題 (通常會將 cv2.waitKey(ms) 和儲存時的 duration 參數設定為相同的數值)。

```
from PIL import Image,ImageSequence
import cv2
import numpy as np

output = []                              # 建立輸出的空串列

cap = cv2.VideoCapture(0)                # 從攝影鏡頭取得影像
if not cap.isOpened():
    print("Cannot open camera")
    exit()
while True:
    ret, img = cap.read()
    if not ret:
        print("Cannot receive frame")
        break
    img = cv2.resize(img, (450,240))     # 調整影片大小

    # 加上黑色區塊
    cv2.rectangle(img,(10,10),(200,42),(0,0,0),-1)

    # 加上文字
    text = 'oxxo.studio'
    org = (15,35)
    fontFace = cv2.FONT_HERSHEY_SIMPLEX
    fontScale = 1
    color = (255,255,255)
    thickness = 2
    lineType = cv2.LINE_AA
    cv2.putText(img, text, org, fontFace, fontScale, color, thickness,
lineType)

    gif = cv2.cvtColor(img, cv2.COLOR_BGRA2RGBA)  # 轉換顏色
    gif = Image.fromarray(gif)                    # 轉換成 PIL 格式
    gif = gif.convert('RGB')                      # 轉換顏色
```

```
    output.append(gif)                              # 添加到 output

    cv2.imshow('oxxostudio', img)
    if cv2.waitKey(250) == ord('q'):
        break
cap.release()
# 儲存為 gif 動畫
output[0].save("test2.gif", save_all=True, append_images=output[1:],
duration=250,
loop=0, disposal=2)
cv2.destroyAllWindows()
```

✣ 範例程式碼：ch07/code22.py

（掃描 QRCode 可以觀看效果）

7-7 影片轉透明背景 gif 動畫

這個小節延伸「4-7、將指定的顏色變透明」和「7-6、處理 gif 動畫」教學，透過 OpenCV 讀取影片，將特定顏色的背景去除後 (去背)，輸出成背景透明的 gif 動畫。

如何轉存背景透明的 gif 動畫

在「7-6、處理 gif 動畫」文章裡有介紹 PIL 的 save 方法，這個方法能夠將多張圖片合併儲存為 gif 動畫，但如果是背景透明的動畫，則常常會發生存檔後背景還是不透明的狀況，以下圖為例，原本在 png 都是背景透明的圖片，透過 save 組合成 gif 動畫後，有些影格看起來雖然去背，但去背的區域卻被填滿了某些特定顏色。

正常去背的圖片

去背後被填上其他顏色的圖片

為什麼會這樣呢？因為 png 和 gif 擁有的色彩數量不同，gif 屬於索引色模式，最多只有 256 個顏色，而透明色也包含在這 256 個顏色裡，當讀取 png 後，雖然透過了 convert 的方式轉換為 RGBA，但每張圖片的透明色，卻不一定放在顏色空間中的同樣位置，當再次使用 save 方法時，會以「第一個影格」透明色的位置為基準，所以就導致有些影格透明，有些影格不透明的狀況。

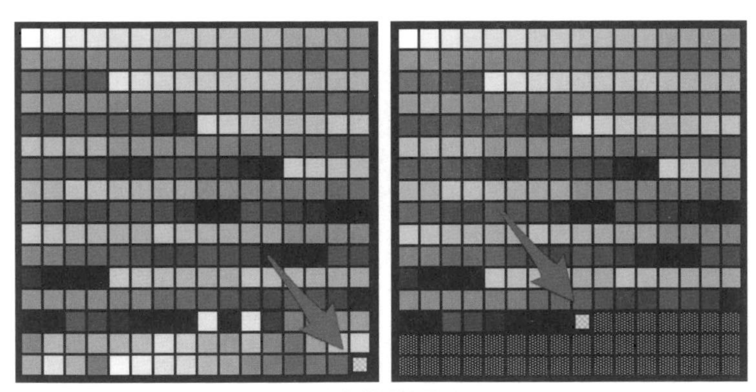

透明色的位置不同

為了避免這種情況發生，可以先將要轉換的影格輸出為 gif，然後再次讀取這些 gif 並轉換為 RGBA，轉換後會產生透明色固定在最後方的索引色版，最後轉存時設定 disposal=2，就能產生背景透明的 gif 動畫 (disposal 若設為 0，表示會與第一個重疊，因此背景透明時會發生重疊殘影的狀況)。

```
n = 0
for i in source:        # source 為要轉存的所有圖片陣列 ( opencv 格式，色彩為
                          RGBA )
    img = Image.fromarray(i)       # 轉換成 PIL 格式
    img.save(f'temp/gif{n}.gif')   # 儲存為 gif
    n = n + 1                      # 改變儲存的檔名編號

output = []                        # 建立空串列
for i in range(n):
    img = Image.open(f'temp/gif{i}.gif')   # 依序開啟每張 gif
    img = img.convert("RGBA")              # 轉換為 RGBA
    output.append(img)                     # 記錄每張圖片內容

# 轉存為 gif 動畫，設定 disposal=2
output[0].save("oxxostudio.gif", save_all=True, append_
images=output[1:],
duration=100, loop=0, disposal=2)
```

✤ 範例程式碼：ch07/code23.py

影片轉透明背景 gif 動畫

下面的程式碼，會先讀取一段影片，為了避免 gif 動畫檔案太大，以影片 30 格取一格作為動畫的影格，接著再透過迴圈，修改特定顏色範圍內像素的透明度，將透明度改為 0，最後再套用上方所介紹的方法，轉存為背景透明 gif 動畫。

```
from PIL import Image,ImageSequence
import cv2
import numpy as np

cap = cv2.VideoCapture('video.mov')   # 開啟影片
source = []                           # 建立 source 空串列，記錄影格內容
frame = 0                             # frame 從 0 開始

print('loading...')
if not cap.isOpened():
    print("Cannot open camera")
    exit()
while True:
```

```
    ret, img = cap.read()
    if not ret:
        print("Cannot receive frame")
        break
    if frame%30 == 0:                                  # 每 30 格取一格
        img = cv2.resize(img, (400,300))               # 改變尺寸，加快處理效率
        img = cv2.cvtColor(img, cv2.COLOR_BGR2RGBA)  # 修改顏色為 RGBA
        source.append(img)                             # 記錄該圖片
    frame = frame + 1
    if cv2.waitKey(1) == ord('q'):
        break                                          # 按下 q 鍵停止
cap.release()

print('start...')
for i in range(len(source)):
    for x in range(400):
        for y in range(300):
            r = source[i][y,x,0]    # 該像素的紅色數值
            g = source[i][y,x,1]    # 該像素的綠色數值
            b = source[i][y,x,2]    # 該像素的藍色數值
            if r>35 and r<100 and g>110 and g<200 and b>60 and b< 130:
                source[i][y,x,3] = 0    # 如果在顏色範圍內，將透明度設為 0

print('export single frame to gif...')
n = 0
for i in source:
    img = Image.fromarray(i)
    img.save(f'temp/gif{n}.gif')
    n = n + 1

print('loading gifs...')
output = []
for i in range(n):
    img = Image.open(f'temp/gif{i}.gif')
    img = img.convert("RGBA")
    output.append(img)

output[0].save("test2.gif", save_all=True, append_images=output[1:],
duration=100,
```

```
loop=0, disposal=2)
print('ok...')

cv2.destroyAllWindows()
```

✤ 範例程式碼：ch07/code24.py

（掃描 QRCode 可以觀看效果）

7-8 辨識 QRCode 和 BarCode

這個小節會使用 OpenCV 讀取包含 QRCode（二維條碼）和 BarCdoe（條碼）的影像，搭配 QRCodeDetector() 和 barcode_BarcodeDetector() 方法，實現在攝影機影像中即時辨識 QRCode 和 BarCode 的功能。

辨識 QRCode

OpenCV 開啟圖片後，使用 QRCodeDetector() 建立 QRCode 偵測器，接著就能使用 detectAndDecode() 方法開始偵測圖片中的 QRCode，偵測 QRCode 之後會回傳三個數值：

回傳數值	說明
data	偵測到的資料。
bbox	偵測到的座標範圍，如果沒有偵測到 QRCode 會是 None。
rectified	將帶有角度的 QRCode 轉換成垂直 90 度的陣列。

```
import cv2
import numpy as np
img = cv2.imread("qrcode.jpg")                       # 開啟圖片

qrcode = cv2.QRCodeDetector()                        # 建立 QRCode 偵測器
data, bbox, rectified = qrcode.detectAndDecode(img)  # 偵測圖片中的 QRCode
# 如果 bbox 是 None 表示圖片中沒有 QRCode
if bbox is not None:
    print(data)                     # QRCode 的內容
    print(bbox)                     # QRCode 的邊界
    print(rectified)                # 換成垂直 90 度的陣列

cv2.imshow('oxxostudio', img)   # 預覽圖片
cv2.waitKey(0)                  # 按下任意鍵停止
cv2.destroyAllWindows()         # 結束所有圖片視窗
```

✤ 範例程式碼：ch07/code25.py

因為 bbox 的內容為 QRCode 邊界四個點的座標，所以可以建立一個簡單的函式，取出左上和右下的座標，透過座標標記出 QRCode 的外框，下方的程式碼執行後，會在偵測到的 QRCode 邊緣標記出紅色外框。

參考：

✤ 5-4、繪製各種形狀

✤ https://steam.oxxostudio.tw/category/python/numpy/array-shape.html#a4

✤ https://steam.oxxostudio.tw/category/python/numpy/numpy-math.html#a4

```
import cv2
import numpy as np
img = cv2.imread("qrcode.jpg")

qrcode = cv2.QRCodeDetector()
data, bbox, rectified = qrcode.detectAndDecode(img)

# 取得座標的函式
def boxSize(arr):
    global data
    box_roll = np.rollaxis(arr,1,0)    # 轉置矩陣，把 x 放在同一欄，y 放在
                                          同一欄
    xmax = int(np.amax(box_roll[0]))   # 取出 x 最大值
    xmin = int(np.amin(box_roll[0]))   # 取出 x 最小值
    ymax = int(np.amax(box_roll[1]))   # 取出 y 最大值
    ymin = int(np.amin(box_roll[1]))   # 取出 y 最小值
    return (xmin,ymin,xmax,ymax)

# 如果 bbox 是 None 表示圖片中沒有 QRCode
if bbox is not None:
    print(data)
    print(bbox)
    print(rectified)
    box = boxSize(bbox[0])
    cv2.rectangle(img,(box[0],box[1]),(box[2],box[3]),(0,0,255),5)
                                    # 畫矩形

cv2.imshow('oxxostudio', img)
cv2.waitKey(0)
cv2.destroyAllWindows()
```

✣ 範例程式碼：ch07/code26.py

如果是帶有角度的 QRCode，也可以正常偵測並標記外框。

額外建立一個放入文字的函式 (參考 5-5、影像加入文字)，就能根據讀取到的內容和座標，將文字顯示在 QRCode 的正下方。

```
import cv2
import numpy as np
from PIL import ImageFont, ImageDraw, Image    # 載入 PIL ( 為了放中文字 )
img = cv2.imread("qrcode.jpg")

qrcode = cv2.QRCodeDetector()
data, bbox, rectified = qrcode.detectAndDecode(img)

# 建立放入文字的函式
def putText(x,y,text,color=(0,0,0)):
```

```
    global img
    fontpath = 'NotoSansTC-Regular.otf'     # 字體 ( 從 Google Font 下載 )
    font = ImageFont.truetype(fontpath, 20)  # 設定字型與大小
    imgPil = Image.fromarray(img)            # 將 img 轉換成 PIL 圖片物件
    draw = ImageDraw.Draw(imgPil)            # 建立繪圖物件
    draw.text((x, y), text, fill=color, font=font)  # 寫入文字
    img = np.array(imgPil)                   # 轉換回 np array

def boxSize(arr):
    global data
    box_roll = np.rollaxis(arr,1,0)
    xmax = int(np.amax(box_roll[0]))
    xmin = int(np.amin(box_roll[0]))
    ymax = int(np.amax(box_roll[1]))
    ymin = int(np.amin(box_roll[1]))
    return (xmin,ymin,xmax,ymax)

if bbox is not None:
    print(data)
    print(bbox)
    print(rectified)
    box = boxSize(bbox[0])
    cv2.rectangle(img,(box[0],box[1]),(box[2],box[3]),(0,0,255),5)

cv2.imshow('oxxostudio', img)
cv2.waitKey(0)
cv2.destroyAllWindows()
```

✤ 範例程式碼：ch07/code27.py

辨識多組 QRCode

如果影像中有「多組」QRcode 需要辨識，則需要改用 detectAnd

DecodeMulti() 方法進行偵測，detectAndDecodeMulti() 方法會回傳四個數值：

回傳數值	說明
ok	是否有偵測到，True 表示有，False 表示沒有。
data	偵測到的資料，使用陣列依序紀錄不同 QRCode 的內容。
bbox	偵測到的座標範圍，使用陣列依序紀錄不同 QRCode 的座標範圍。
rectified	旋轉成正九十度的 QRCode 矩陣，使用陣列依序紀錄不同 QRCode 的矩陣。

```
import cv2
import numpy as np
from PIL import ImageFont, ImageDraw, Image
img = cv2.imread("many-qrcode.jpg")

def putText(x,y,text,color=(0,0,0)):
    global img
    fontpath = 'NotoSansTC-Regular.otf'
    font = ImageFont.truetype(fontpath, 20)
    imgPil = Image.fromarray(img)
    draw = ImageDraw.Draw(imgPil)
    draw.text((x, y), text, fill=color, font=font)
    img = np.array(imgPil)

def boxSize(arr):
    global data
    box_roll = np.rollaxis(arr,1,0)
    xmax = int(np.amax(box_roll[0]))
    xmin = int(np.amin(box_roll[0]))
    ymax = int(np.amax(box_roll[1]))
    ymin = int(np.amin(box_roll[1]))
    return (xmin,ymin,xmax,ymax)

qrcode = cv2.QRCodeDetector()
ok, data, bbox, rectified = qrcode.detectAndDecodeMulti(img)
# 改用 detectAndDecodeMulti
# 如果有偵測到
if ok:
    # 使用 for 迴圈取出每個 QRCode 的資訊
    for i in range(len(data)):
        print(data[i])
```

```
        print(bbox[i])
        text = data[i]              # QRCode 內容
        box = boxSize(bbox[i])  # QRCode 左上與右下座標
        cv2.rectangle(img,(box[0],box[1]),(box[2],box[3]),(0,0,255),5)
# 標記外框
        putText(box[0],box[3],text)    # 寫出文字

cv2.imshow('oxxostudio', img)
cv2.waitKey(0)
cv2.destroyAllWindows()
```

✣ 範例程式碼：ch07/code28.py

辨識 BarCode

OpenCV 開啟圖片後，使用 BarcodeDetector() 建立 QRCode 偵測器，接著就能使用 barcode_BarcodeDetector() 方法開始偵測圖片中的 BarCode (可以同時偵測多組 BarCode)，偵測 BarCode 之後會回傳四個數值：

回傳數值	說明
ok	是否有偵測到，True 表示有，False 表示沒有。
data	偵測到的資料，使用 Tuple 依序紀錄不同 BarCode 的內容。
data_type	偵測到的型態。
bbox	偵測到的座標範圍，使用陣列依序紀錄不同 BarCode 的座標範圍。

下方的程式碼延伸前面辨識 QRCode 的 putText 和 boxSize 函式，同時偵測畫面中的兩個 BarCode，偵測到 BarCode 後會使用紅色框標記並顯示

內容。

注意，BarCode 圖片的上下左右需要保持一定距離，不然會發生偵測不到的狀況。

```
import cv2
import numpy as np
from PIL import ImageFont, ImageDraw, Image
img = cv2.imread("barcode.jpg")

def putText(x,y,text,color=(0,0,0)):
    global img
    fontpath = 'NotoSansTC-Regular.otf'
    font = ImageFont.truetype(fontpath, 20)
    imgPil = Image.fromarray(img)
    draw = ImageDraw.Draw(imgPil)
    draw.text((x, y), text, fill=color, font=font)
    img = np.array(imgPil)

def boxSize(arr):
    global data
    box_roll = np.rollaxis(arr,1,0)
    xmax = int(np.amax(box_roll[0]))
    xmin = int(np.amin(box_roll[0]))
    ymax = int(np.amax(box_roll[1]))
    ymin = int(np.amin(box_roll[1]))
    return (xmin,ymin,xmax,ymax)

barcode = cv2.barcode_BarcodeDetector()          # 建立 BarCode 偵測器
ok, data, data_type, bbox = barcode.detectAndDecode(img) # 偵測 BarCode
# 如果有 BarCode
if ok:
    # 依序取出所有 BarCode 內容
    for i in range(len(data)):
        box = boxSize(bbox[i])    # 取出座標
        text = data[i]            # 取出內容
        cv2.rectangle(img,(box[0],box[1]),(box[2],box[3]),(0,0,255),5)
# 繪製外框
        putText(box[0],box[3],text,color=(0,0,255))      # 放入文字

cv2.imshow('oxxostudio', img)
```

```
cv2.waitKey(0)
cv2.destroyAllWindows()
```

✤ 範例程式碼：ch07/code29.py

即時影像辨識 QRCode

參考「3-3、讀取並播放影片」文章，將讀取攝影鏡頭影像的範例，結合辨識 QRCode 的範例，就能即時透過攝影機，偵測並辨識 QRCode。

```
import cv2
import numpy as np
from PIL import ImageFont, ImageDraw, Image

cap = cv2.VideoCapture(0)

def putText(x,y,text,color=(0,0,0)):
    global img
    fontpath = 'NotoSansTC-Regular.otf'
    font = ImageFont.truetype(fontpath, 20)
    imgPil = Image.fromarray(img)
    draw = ImageDraw.Draw(imgPil)
    draw.text((x, y), text, fill=color, font=font)
    img = np.array(imgPil)

def boxSize(arr):
    global data
    box_roll = np.rollaxis(arr,1,0)
    xmax = int(np.amax(box_roll[0]))
```

```
    xmin = int(np.amin(box_roll[0]))
    ymax = int(np.amax(box_roll[1]))
    ymin = int(np.amin(box_roll[1]))
    return (xmin,ymin,xmax,ymax)

qrcode = cv2.QRCodeDetector()                      # QRCode 偵測器

while True:
    ret, frame = cap.read()
    if not ret:
        print("Cannot receive frame")
        break
    img = cv2.resize(frame,(720,420))      # 縮小尺寸，加快速度
    ok, data, bbox, rectified = qrcode.detectAndDecodeMulti(img)
                                                   # 辨識 QRCode
    if ok:
        for i in range(len(data)):
            text = data[i]                         # QRCode 內容
            box = boxSize(bbox[i])                 # QRCode 座標
            cv2.rectangle(img,(box[0],box[1]),(box[2],b
                ox[3]),(0,0,255),5)        # 繪製外框
            putText(box[0],box[3],text,color=(0,0,255))     # 顯示文字
    cv2.imshow('oxxostudio', img)
    if cv2.waitKey(1) == ord('q'):
        break

cap.release()
cv2.destroyAllWindows()
```

✤ 範例程式碼：ch07/code30.py

(掃描 QRCode 可以觀看效果)

7-9 掃描 QRCode 切換效果

這個小節延伸「7-8、辨識 QRCode 和 BarCode」文章，透過攝影鏡頭辨識 QRCode 之後，即時將攝影機的影像套用模糊、馬賽克以及負片 ... 等效果。

掃描 QRCode 切換影像效果

延伸「7-8、辨識 QRCode 和 BarCode」文章，在即時辨識 QRCode 的程式碼中，當偵測到 QRCode 為 a1 時套用模糊效果，如果是 a2 就套用馬賽克效果，如果是 a3 就套用負片效果，詳細說明寫在程式碼中：

參考：

- 7-8、辨識 QRCode 和 BarCode
- 6-1、影像模糊化
- 6-2、影像的馬賽克效果
- 4-2、影像的負片效果

```
import cv2
import numpy as np
from PIL import ImageFont, ImageDraw, Image

cap = cv2.VideoCapture(0)      # 讀取攝影鏡頭

# 定義加入文字函式
def putText(x,y,text,size=20,color=(0,0,0)):
    global img
    fontpath = 'NotoSansTC-Regular.otf'                    # 字型
    font = ImageFont.truetype(fontpath, size)              # 定義字型與文字大小
    imgPil = Image.fromarray(img)                          # 轉換成 PIL 影像物件
    draw = ImageDraw.Draw(imgPil)                          # 定義繪圖物件
    draw.text((x, y), text, fill=color, font=font)         # 加入文字
    img = np.array(imgPil)                                 # 轉換成 np.array

# 定義馬賽克函式
```

```
def mosaic(image, level):
    size = image.shape          # 取得原始圖片的資訊
    h = int(size[0]/level)    # 按照比例縮小後的高度 ( 使用 int 去除小數點 )
    w = int(size[1]/level)    # 按照比例縮小後的寬度 ( 使用 int 去除小數點 )
    output = cv2.resize(image, (w,h), interpolation=cv2.INTER_LINEAR)
                                                # 根據縮小尺寸縮小
    output = cv2.resize(output, (size[1],size[0]), interpolation=cv2.
INTER_NEAREST)                                  # 放大到原本的大小
    return output

qrcode = cv2.QRCodeDetector()                   # QRCode 偵測器

while True:
    ret, frame = cap.read()                     # 讀取攝影鏡頭影像
    if not ret:
        print("Cannot receive frame")
        break
    img = cv2.resize(frame,(720,420))           # 縮小尺寸加快速度
    ok, data, bbox, rectified = qrcode.detectAndDecodeMulti(img)
                                                # 偵測並辨識 QRCode
                                                # 如果偵測到 QRCode
    if ok:
        for i in range(len(data)):
            text = data[i]                      # 取出內容
            # 如果內容是 a1，套用模糊效果
            if text=='a1':
                img = cv2.blur(img, (20, 20))
                putText(0,0,'模糊效果',100,(255,255,255))
            # 如果內容是 a2，套用馬賽克效果
            elif text == 'a2':
                img = mosaic(img, 15)
                putText(0,0,'馬賽克效果',100,(255,255,255))
            # 如果內容是 a2，套用片效果
            elif text == 'a3':
                img = 255-img
                putText(0,0,'負片效果',100,(0,0,0))

    cv2.imshow('oxxostudio', img)       # 預覽影像
    if cv2.waitKey(1) == ord('q'):
        break

cap.release()
cv2.destroyAllWindows()
```

✣ 範例程式碼：ch07/code31.py

（掃描 QRCode 可以觀看效果）

小結

透過這個章節所介紹的 OpenCV 的技巧和實例，包括邊緣檢測、侵蝕與膨脹、遮罩處理、羽化邊緣、圖像合成、GIF 製作、影片轉 GIF、QR Code 和 BarCode 的辨識 ... 等，可以更佳了解 OpenCV 的功能，並運用這些技術來解決實際問題，進一步啟發對於影像處理和計算機視覺等領域的興趣和研究。

第 8 章

OpenCV 偵測滑鼠和鍵盤

前言

這個章節會學會如何利用滑鼠和鍵盤與影像互動，例如在影片中繪圖、將特定區域選取並加上馬賽克，或透過鍵盤調整亮度對比、使用滑桿來調整影像的顯示效果，進行更精確的影像處理。

✤ 本章節的範例程式碼：
https://github.com/oxxostudio/book-code/tree/master/opencv/ch08

8-1 偵測滑鼠事件

使用 OpenCV 建立視窗後，除了開啟圖片進行預覽，也可透過視窗偵測滑鼠的事件，進一步利用滑鼠和影像互動，這個小節會介紹如何偵測滑鼠事件，以及取得滑鼠事件後進行的簡單應用 (標記、取得顏色 ... 等)。

偵測滑鼠事件

使用 cv2.setMouseCallback 方法，可以偵測指定視窗下的滑鼠事件，偵測事件後會透過一個特定的函式處理相關事件參數，每次發生滑鼠事件時會回傳四個參數，**第一個是 event，第二個是 x 座標，第三個是 y 座標，第四個是 flag**，下方的程式碼執行後，用滑鼠在視窗上滑動以及點擊，後台就會看見印出對應的數值。

```
import cv2
img = cv2.imread('meme.jpg')

def show_xy(event,x,y,flags,userdata):
    print(event,x,y,flags)
    # 印出相關參數的數值，userdata 可透過 setMouseCallback 第三個參數垂遞給函式

cv2.imshow('oxxostudio', img)
cv2.setMouseCallback('oxxostudio', show_xy)  # 設定偵測事件的函式與視窗

cv2.waitKey(0)      # 按下任意鍵停止
cv2.destroyAllWindows()
```

✤ 範例程式碼：ch08/code01.py

滑鼠 event 與 flag 列表

當滑鼠在指定視窗中滑動進行某些行為，都會觸發一些事件，相關事件列表如下：

代號	事件	說明
0	cv2.EVENT_MOUSEMOVE	滑動
1	cv2.EVENT_LBUTTONDOWN	左鍵點擊
2	cv2.EVENT_RBUTTONDOWN	右鍵點擊
3	cv2.EVENT_MBUTTONDOWN	中鍵點擊
4	cv2.EVENT_LBUTTONUP	左鍵放開
5	cv2.EVENT_RBUTTONUP	右鍵放開
6	cv2.EVENT_MBUTTONUP	中鍵放開
7	cv2.EVENT_LBUTTONDBLCLK	左鍵雙擊
8	cv2.EVENT_RBUTTONDBLCLK	右鍵雙擊
9	cv2.EVENT_MBUTTONDBLCLK	中鍵雙擊

除了事件，滑鼠的行為也會觸發一些 flag，相關 flag 列表如下：

代號	flag	說明
1	cv2.EVENT_FLAG_LBUTTON	左鍵拖曳
2	cv2.EVENT_FLAG_RBUTTON	右鍵拖曳
4	cv2.EVENT_FLAG_MBUTTON	中鍵拖曳
8 ～ 15	cv2.EVENT_FLAG_CTRLKEY	按 Ctrl 不放事件
16 ～ 31	cv2.EVENT_FLAG_SHIFTKEY	按 Shift 不放事件
32 ～ 39	cv2.EVENT_FLAG_ALTKEY	按 Alt 不放事件

透過滑鼠點擊，取得像素的顏色

下方的程式碼，會使用一個黑色圓框標記滑鼠的位置，當點擊滑鼠時，會印出該位置像素的顏色。

```
import cv2
img = cv2.imread('meme.jpg')

def show_xy(event,x,y,flags,param):
    if event == 0:
        img2 = img.copy()                          # 當滑鼠移動時，複製原本的圖片
        cv2.circle(img2, (x,y), 10, (0,0,0), 1)    # 繪製黑色空心圓
        cv2.imshow('oxxostudio', img2)             # 顯示繪製後的影像
    if event == 1:
        color = img[y,x]                           # 當滑鼠點擊時
        print(color)                               # 印出顏色

cv2.imshow('oxxostudio', img)
cv2.setMouseCallback('oxxostudio', show_xy)

cv2.waitKey(0)
cv2.destroyAllWindows()
```

✤ 範例程式碼：ch08/code02.py

```
[194 207 229]
[158 102 214]
[196 209 231]
[196 209 231]
[196 209 231]
[39 33 38]
[34 32 38]
[37 39 50]
[159 101 209]
[119  60 194]
[ 27 149 249]
[ 22  90 243]
[ 41 220 247]
[177 215 255]
[ 46 124 254]
[146 152 189]
[241 244 248]
[253 255 255]
```

透過滑鼠點擊，繪製多邊形

下方的程式碼，會在點擊滑鼠時繪製一個實心圓形，並記錄該點擊時的座標，當座標數量大於 1 時，會透過兩個座標繪製直線。

```
import cv2
img = cv2.imread('meme.jpg')

dots = []   # 記錄座標的空串列
def show_xy(event,x,y,flags,param):
    if event == 1:
        dots.append([x, y])                               # 記錄座標
        cv2.circle(img, (x, y), 10, (0,0,255), -1)  # 在點擊的位置，繪製圓形
        num = len(dots)                                   # 目前有幾個座標
        if num > 1:                                       # 如果有兩個點以上
            x1 = dots[num-2][0]
            y1 = dots[num-2][1]
            x2 = dots[num-1][0]
            y2 = dots[num-1][1]
            cv2.line(img,(x1,y1),(x2,y2),(0,0,255),2)
                                                  # 取得最後的兩個座標，繪製直線
        cv2.imshow('oxxostudio', img)

cv2.imshow('oxxostudio', img)
cv2.setMouseCallback('oxxostudio', show_xy)
```

```
cv2.waitKey(0)
cv2.destroyAllWindows()
```

✣ 範例程式碼：ch08/code03.py

(掃描 QRCode 可以觀看效果)

8-2 滑鼠選取區域自動馬賽克

這個小節會延伸「8-1、偵測滑鼠事件」和「6-2、影像的馬賽克效果」兩篇文章，實作用滑鼠在影像中拖拉出一個四邊形外框，放開滑鼠後，四邊形區域就會自動加上馬賽克效果。

用滑鼠在影像中拖拉出四邊形

下方的程式執行後，會先建立兩個空串列記錄兩組座標 (繪製四邊形需要兩個對角端點座標)，接著使用 flag 判斷在滑鼠拖曳事件發生時，不斷更新座標位置 (第一個座標不更動，不斷更新第二個座標點)，就能在影像中繪製出四邊形。

```
import cv2
img = cv2.imread('mona.jpg')

dot1 = []                          # 記錄第一個座標
dot2 = []                          # 記錄第二個座標
```

```
# 滑鼠事件發生時要執行的函式
def show_xy(event,x,y,flags,param):
    global dot1, dot2, img          # 在函式內使用全域變數
    # 滑鼠拖曳發生時
    if flags == 1:
        if event == 1:
            dot1 = [x, y]           # 按下滑鼠時記錄第一個座標
        if event == 0:
            img2 = img.copy()       # 拖曳時不斷複製 img
            dot2 = [x, y]           # 拖曳時不斷更新第二個座標
            # 根據兩個座標繪製四邊形
            cv2.rectangle(img2, (dot1[0], dot1[1]), (dot2[0], dot2[1]), 
(0,0,255), 2)
            # 不斷顯示新圖片 ( 如果不這麼做，會出現一堆四邊形殘影 )
            cv2.imshow('oxxostudio', img2)

cv2.imshow('oxxostudio', img)
cv2.setMouseCallback('oxxostudio', show_xy)

cv2.waitKey(0)    # 按下任意鍵結束
cv2.destroyAllWindows()
```

✣ 範例程式碼：ch08/code04.py

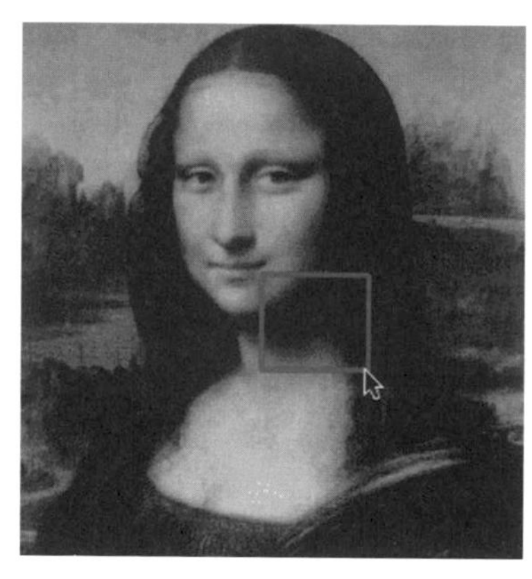

(掃描 QRCode 可以觀看效果)

將程式稍做修改，加上判斷「滑鼠放開」的事件，就能保留拖曳出的四邊形區域。

```
import cv2
img = cv2.imread('mona.jpg')

dot1 = []
dot2 = []
def show_xy(event,x,y,flags,param):
    global dot1, dot2, img, img2
                        # 因為要讓 img = img2，所以也要宣告 img2 為全域變數
    if flags == 1:
        if event == 1:
            dot1 = [x, y]
        if event == 0:
            img2 = img.copy()
            dot2 = [x, y]
            cv2.rectangle(img2, (dot1[0], dot1[1]), (dot2[0], dot2[1]), \
(0,0,255), 2)
            cv2.imshow('oxxostudio', img2)
        if event == 4:
            img = img2   # 滑鼠放開時 ( event == 4 )，將 img 更新為 img2

cv2.imshow('oxxostudio', img)
cv2.setMouseCallback('oxxostudio', show_xy)

cv2.waitKey(0)
cv2.destroyAllWindows()
```

✥ 範例程式碼：ch08/code05.py

(掃描 QRCode 可以觀看效果)

將滑鼠選取區域自動馬賽克

將上方的程式碼裡，加入「6-2、影像的馬賽克效果」的範例，就能在拖曳出四邊形區域後，自動將該區域的影像馬賽克。

```
import cv2
img = cv2.imread('mona.jpg')

dot1 = []
dot2 = []
def show_xy(event,x,y,flags,param):
    global dot1, dot2, img, img2
    if flags == 1:
        if event == 1:
            dot1 = [x, y]
        if event == 0:
            img2 = img.copy()
            dot2 = [x, y]
            cv2.rectangle(img2, (dot1[0], dot1[1]), (dot2[0], dot2[1]),
(0,0,255), 2)
            cv2.imshow('oxxostudio', img2)
        if event == 4:
            level = 8                          # 縮小比例 ( 可當作馬賽克的等級 )
            h = int((dot2[0] - dot1[0]) / level)
                                               # 按照比例縮小後的高度
                                                ( 使用 int 去除小數點 )
            w = int((dot2[1] - dot1[1]) / level)
                                               # 按照比例縮小後的寬度
                                                ( 使用 int 去除小數點 )
            mosaic = img[dot1[1]:dot2[1], dot1[0]:dot2[0]]
                                                                  # 取得馬賽克區域
            mosaic = cv2.resize(mosaic, (w, h), interpolation=cv2.\
                     INTER_LINEAR)    # 根據縮小尺寸縮小
            mosaic = cv2.resize(mosaic, (dot2[0] - dot1[0], dot2[1] -
                     dot1[1]), interpolation=cv2.INTER_NEAREST)
                                          # 放大到原本的大小
            img[dot1[1]:dot2[1], dot1[0]:dot2[0]] = mosaic
                                          # 置換成馬賽克的影像
            cv2.imshow('oxxostudio', img)

cv2.imshow('oxxostudio', img)
cv2.setMouseCallback('oxxostudio', show_xy)
```

```
cv2.waitKey(0)
cv2.destroyAllWindows()
```

✤ 範例程式碼：ch08/code06.py

（掃描 QRCode 可以觀看效果）

8-3 在影片中即時繪圖

這個小節會延伸「8-1、偵測滑鼠事件」和「7-5、合成半透明圖片」兩篇文章，實作在播放攝影機所拍攝的影片時，即時用滑鼠在影片中繪圖，最後將具有繪圖過程的影片儲存在電腦中。

使用滑鼠在靜態影像中繪圖

下方的程式執行後，會使用 numpy 的 zeros 方法，建立一個 420x240 的黑色畫布，接著搭配「偵測滑鼠事件」文章中記錄滑鼠座標的技巧，就能使用 line 方法不斷繪製兩點間的直線 (如果使用畫圓形，會因為滑鼠移動的太快而產生不連續的現象)，最後透過偵測鍵盤事件，按下 q 時結束動作，按下 r 時重新繪製。

```
import cv2
import numpy as np

dots = []   # 建立空串列記錄座標
w = 420
h = 240
draw = np.zeros((h,w,4), dtype='uint8') # 建立 420x240 的 RGBA 黑色畫布

def show_xy(event,x,y,flags,param):
    global dots, draw                    # 定義全域變數
    if flags == 1:
        if event == 1:
            dots.append([x,y])           # 如果拖曳滑鼠剛開始，記錄第一點座標
        if event == 4:
            dots = []                    # 如果放開滑鼠，清空串列內容
        if event == 0 or event == 4:
            dots.append([x,y])           # 拖曳滑鼠時，不斷記錄座標
            x1 = dots[len(dots)-2][0]    # 取得倒數第二個點的 x 座標
            y1 = dots[len(dots)-2][1]    # 取得倒數第二個點的 y 座標
            x2 = dots[len(dots)-1][0]    # 取得倒數第一個點的 x 座標
            y2 = dots[len(dots)-1][1]    # 取得倒數第一個點的 y 座標
            cv2.line(draw,(x1,y1),(x2,y2),(0,0,255,255),2)  # 畫直線
        cv2.imshow('oxxostudio', draw)

cv2.imshow('oxxostudio', draw)
cv2.setMouseCallback('oxxostudio', show_xy)

while True:
    keyboard = cv2.waitKey(5)                   # 每 5 毫秒偵測一次鍵盤事件
    if keyboard == ord('q'):
        break                                   # 如果按下 q 就跳出
    if keyboard == ord('r'):
        draw = np.zeros((h,w,4), dtype='uint8')
# 如果按下 r 就變成原本全黑的畫布
        cv2.imshow('oxxostudio', draw)

cv2.destroyAllWindows()
```

✤ 範例程式碼：ch08/code07.py

（掃描 QRCode 可以觀看效果）

即時在攝影機影片中繪圖

搭配「3-3、寫入並儲存影片」範例，讀取攝影機的即時影像，將影像轉換為 BGRA 色彩模式，根據繪圖畫布的 alpha 色版數值進行合成，就能實現即時在影片中畫圖的效果（最後可將整個過程儲存為新的影片）。

```
import cv2
import numpy as np

cap = cv2.VideoCapture(0)                          # 讀取攝影鏡頭
w = 420
h = 240
draw = np.zeros((h,w,4), dtype='uint8')
fourcc = cv2.VideoWriter_fourcc(*'MJPG')  # 設定輸出影片的格式為 MJPG
out = cv2.VideoWriter('output.mov', fourcc, 20.0, (w, h))  # 產生空的影片

if not cap.isOpened():
    print("Cannot open camera")
    exit()

def show_xy(event,x,y,flags,param):
    global dots, draw
    if flags == 1:
        if event == 1:
            dots.append([x,y])
        if event == 4:
            dots = []
        if event == 0 or event == 4:
```

```
            dots.append([x,y])
            x1 = dots[len(dots)-2][0]
            y1 = dots[len(dots)-2][1]
            x2 = dots[len(dots)-1][0]
            y2 = dots[len(dots)-1][1]
            cv2.line(draw,(x1,y1),(x2,y2),(0,0,255,255),2)

cv2.imshow('oxxostudio', draw)
cv2.setMouseCallback('oxxostudio', show_xy)

while True:
    ret, img = cap.read()                   # 讀取影片的每一個影格
    if not ret:
        print("Cannot receive frame")
        break
    img = cv2.resize(img,(w,h))             # 縮小尺寸，加快運算速度
    # 透過 for 迴圈合成影像
    for i in range(w):
        img[:,i,0] = img[:,i,0]*(1-draw[:,i,3]/255) +
draw[:,i,0]*(draw[:,i,3]/255)
        img[:,i,1] = img[:,i,1]*(1-draw[:,i,3]/255) +
draw[:,i,1]*(draw[:,i,3]/255)
        img[:,i,2] = img[:,i,2]*(1-draw[:,i,3]/255) +
draw[:,i,2]*(draw[:,i,3]/255)
    keyboard = cv2.waitKey(5)
    if keyboard == ord('q'):
        break
    if keyboard == ord('r'):
        draw = np.zeros((h,w,4), dtype='uint8')
    cv2.imshow('oxxostudio', img)
    out.write(img)  # 儲存影片

out.release()       # 釋放資源
cap.release()       # 釋放資源
cv2.destroyAllWindows()
```

✣ 範例程式碼：ch08/code08.py

（掃描 QRCode 可以觀看效果）

8-4 偵測鍵盤行為

使用 OpenCV 建立視窗後，除了開啟圖片進行預覽，也可透過視窗偵測鍵盤按鍵，當按下按鍵時，即時取得該按鍵的 ASCII 代碼，藉由這種偵測鍵盤行為的方法，實現影像與鍵盤的互動（例如透過鍵盤，直接調整影像的亮度或飽和度 ... 等）。

取得鍵盤按鍵的 ASCII 代碼

透過 cv2.waitKey 的方法，能夠在按下鍵盤時取得該按鍵的 ASCII 代碼，取得代碼後再透過 Python 內建的 chr 方法就能將 ASCII 轉換為該按鍵所代表的 Unicode 字元。

✣ 參考：https://steam.oxxostudio.tw/category/python/ai/opencv-keyboard.html

```
import cv2

cv2.namedWindow('oxxostudio')  # 建立一個名為 oxxostudio 的視窗

while True:
    keycode = cv2.waitKey(0)    # 持續等待，直到按下鍵盤按鍵才會繼續
    c = chr(keycode)            # 將 ASCII 代碼轉換成真實字元
    print(c, keycode)           # 印出結果
    if keycode == 27:
        break                  # 如果代碼等於 27，結束迴圈 ( 27 表示按鍵 ESC )

cv2.destroyAllWindows()
```

✣ 範例程式碼：ch08/code09.py

```
w 119
e 101
r 114
g 103
g 103
d 100
s 115
g 103
h 104
q 113
  27
```

鍵盤按鍵的 ASCII 代碼表

下方圖表列出常用的鍵盤按鍵 ASCII 代碼對照表 (Dec 欄位)：

✣ 參考：https://www.asciitable.com/

Dec	Hx	Oct	Char		Dec	Hx	Oct	Html	Chr	Dec	Hx	Oct	Html	Chr	Dec	Hx	Oct	Html	Chr
0	0	000	NUL	(null)	32	20	040		Space	64	40	100	@	@	96	60	140	`	`
1	1	001	SOH	(start of heading)	33	21	041	!	!	65	41	101	A	A	97	61	141	a	a
2	2	002	STX	(start of text)	34	22	042	"	"	66	42	102	B	B	98	62	142	b	b
3	3	003	ETX	(end of text)	35	23	043	#	#	67	43	103	C	C	99	63	143	c	c
4	4	004	EOT	(end of transmission)	36	24	044	$	$	68	44	104	D	D	100	64	144	d	d
5	5	005	ENQ	(enquiry)	37	25	045	%	%	69	45	105	E	E	101	65	145	e	e
6	6	006	ACK	(acknowledge)	38	26	046	&	&	70	46	106	F	F	102	66	146	f	f
7	7	007	BEL	(bell)	39	27	047	'	'	71	47	107	G	G	103	67	147	g	g
8	8	010	BS	(backspace)	40	28	050	(	(	72	48	110	H	H	104	68	150	h	h
9	9	011	TAB	(horizontal tab)	41	29	051	)	)	73	49	111	I	I	105	69	151	i	i
10	A	012	LF	(NL line feed, new line)	42	2A	052	*	*	74	4A	112	J	J	106	6A	152	j	j
11	B	013	VT	(vertical tab)	43	2B	053	+	+	75	4B	113	K	K	107	6B	153	k	k
12	C	014	FF	(NP form feed, new page)	44	2C	054	,	,	76	4C	114	L	L	108	6C	154	l	l
13	D	015	CR	(carriage return)	45	2D	055	-	-	77	4D	115	M	M	109	6D	155	m	m
14	E	016	SO	(shift out)	46	2E	056	.	.	78	4E	116	N	N	110	6E	156	n	n
15	F	017	SI	(shift in)	47	2F	057	/	/	79	4F	117	O	O	111	6F	157	o	o
16	10	020	DLE	(data link escape)	48	30	060	0	0	80	50	120	P	P	112	70	160	p	p
17	11	021	DC1	(device control 1)	49	31	061	1	1	81	51	121	Q	Q	113	71	161	q	q
18	12	022	DC2	(device control 2)	50	32	062	2	2	82	52	122	R	R	114	72	162	r	r
19	13	023	DC3	(device control 3)	51	33	063	3	3	83	53	123	S	S	115	73	163	s	s
20	14	024	DC4	(device control 4)	52	34	064	4	4	84	54	124	T	T	116	74	164	t	t
21	15	025	NAK	(negative acknowledge)	53	35	065	5	5	85	55	125	U	U	117	75	165	u	u
22	16	026	SYN	(synchronous idle)	54	36	066	6	6	86	56	126	V	V	118	76	166	v	v
23	17	027	ETB	(end of trans. block)	55	37	067	7	7	87	57	127	W	W	119	77	167	w	w
24	18	030	CAN	(cancel)	56	38	070	8	8	88	58	130	X	X	120	78	170	x	x
25	19	031	EM	(end of medium)	57	39	071	9	9	89	59	131	Y	Y	121	79	171	y	y
26	1A	032	SUB	(substitute)	58	3A	072	:	:	90	5A	132	Z	Z	122	7A	172	z	z
27	1B	033	ESC	(escape)	59	3B	073	;	;	91	5B	133	[	[	123	7B	173	{	{
28	1C	034	FS	(file separator)	60	3C	074	<	<	92	5C	134	\	\	124	7C	174			|
29	1D	035	GS	(group separator)	61	3D	075	=	=	93	5D	135	]	]	125	7D	175	}	}
30	1E	036	RS	(record separator)	62	3E	076	>	>	94	5E	136	^	^	126	7E	176	~	~
31	1F	037	US	(unit separator)	63	3F	077	?	?	95	5F	137	_	_	127	7F	177		DEL

Source: www.LookupTables.com

透過鍵盤，調整影像的亮度和對比度

延伸「4-3、調整影像的對比和亮度」範例，將程式修改為按下鍵盤的上下左右時，可以調整影像的亮度和對比度。

```
import cv2
import numpy as np

img = cv2.imread('mona.jpg')

# 定義調整亮度對比的函式
def adjust(i, c, b):
    output = i * (c/100 + 1) - c + b    # 轉換公式
    output = np.clip(output, 0, 255)
    output = np.uint8(output)
    return output

contrast = 0     # 初始化要調整對比度的數值
brightness = 0   # 初始化要調整亮度的數值
cv2.imshow('oxxostudio', img)
```

```
while True:
    keycode = cv2.waitKey(0)
    if keycode == 0:
        brightness = brightness + 5      # 按下鍵盤的「上」，增加亮度
    if keycode == 1:
        brightness = brightness - 5      # 按下鍵盤的「下」，減少亮度
    if keycode == 2:
        contrast = contrast - 5          # 按下鍵盤的「右」，增加對比度
    if keycode == 3:
        contrast = contrast + 5          # 按下鍵盤的「左」，減少對比度
    if keycode == 113:
        contrast, brightness = 0, 0      # 按下鍵盤的「q」，恢復預設值
    if keycode == 27:
        break
    show = img.copy()                    # 複製原始圖片
    show = adjust(show, contrast, brightness)
                                     # 根據亮度和對比度的調整值，輸出新的圖片
    cv2.imshow('oxxostudio', show)

cv2.destroyAllWindows()
```

✤ 範例程式碼：ch08/code10.py

8-5 加入滑桿 (Trackbar)

滑桿 (Trackbar) 又稱作滑動條、Slider bar，是一種可以用滑鼠調整數值的 UI 介面，這個小節會介紹如何在 OpenCV 視窗中加入滑桿，並讀取滑桿數值，進一步調整影像的亮度和對比度。

在視窗中加入滑桿

透過 cv2.createTrackbar 方法，能夠在 OpenCV 產生的指定視窗中加入滑桿，搭配 cv2.setTrackbarPos 方法，可以指定特定滑桿的初始值，使用方法如下：

```
cv2.createTrackbar('滑桿名稱', '視窗名稱', min, max, fn)
# min 最小值 ( 最小為 0，不可為負值 )
# max 最大值
# fn 滑桿數值改變時要執行的函式

cv2.setTrackbarPos('滑桿名稱','視窗名稱', val)
# val 滑桿預設值
```

下方的程式碼會在視窗中加入一個數值區間為 0 ～ 255 的滑桿，當滑鼠調整滑桿時，就會印出對應的數值。

```
import cv2

img = cv2.imread('mona.jpg')
cv2.imshow('oxxostudio', img)

def test(val):
    print(val)

cv2.createTrackbar('test', 'oxxostudio', 0, 255, test)
cv2.setTrackbarPos('test', 'oxxostudio', 50)

keycode = cv2.waitKey(0)
cv2.destroyAllWindows()
```

✤ 範例程式碼：ch08/code11.py

透過滑桿，調整影像亮度與對比度

延伸「4-3、調整影像的對比和亮度」範例，將程式修改為調整滑桿時，可以調整影像的亮度和對比度。

```
import cv2
import numpy as np

img = cv2.imread('mona.jpg')
cv2.imshow('oxxostudio', img)

contrast = 0     # 初始化要調整對比度的數值
brightness = 0   # 初始化要調整亮度的數值
cv2.imshow('oxxostudio', img)

# 定義調整亮度對比的函式
def adjust(i, c, b):
    output = i * (c/100 + 1) - c + b     # 轉換公式
    output = np.clip(output, 0, 255)
```

```
    output = np.uint8(output)
    cv2.imshow('oxxostudio', output)

# 定義調整亮度函式
def brightness_fn(val):
    global img, contrast, brightness
    brightness = val - 100
    adjust(img, contrast, brightness)

# 定義調整對比度函式
def contrast_fn(val):
    global img, contrast, brightness
    contrast = val - 100
    adjust(img, contrast, brightness)

cv2.createTrackbar('brightness', 'oxxostudio', 0, 200, brightness_fn)
# 加入亮度調整滑桿
cv2.setTrackbarPos('brightness', 'oxxostudio', 100)
cv2.createTrackbar('contrast', 'oxxostudio', 0, 200, contrast_fn)
# 加入對比度調整滑桿
cv2.setTrackbarPos('contrast', 'oxxostudio', 100)

keycode = cv2.waitKey(0)
cv2.destroyAllWindows()
```

✤ 範例程式碼：ch08/code12.py

（掃描 QRCode 可以觀看效果）

小結

透過這個章節介紹的滑鼠和鍵盤操控功能，能夠更深入的掌握 OpenCV 使用方式，進一步開發人工智慧和計算機視覺的應用，希望透過這個章節提供的參考資源，發揮更多 OpenCV 的優勢，創造更多和影像有關的創意和應用。

第 9 章

OpenCV 影像辨識

前言

在 AI 的領域中，影像處理技術是一個非常重要的領域，然而 OpenCV 是一個非常強大的開源影像處理函式庫，在這個章節裡，將介紹如何使用 Python 和 OpenCV 來實現人臉偵測、人臉馬賽克、人臉辨識、車輛和行人辨識、目標追蹤和顏色追蹤等功能。

- 本章節的範例程式碼：
  https://github.com/oxxostudio/book-code/tree/master/opencv/ch09

9-1 人臉偵測

這個小節會介紹使用 OpenCV，搭配官方提供的人臉特徵模型，偵測影像中的人臉，並透過繪製形狀的方式，使用方框標記偵測到的人臉，實現類似 AI 影像辨識的效果。

下載人臉特徵模型

OpenCV 的官方 Github 提供了許多訓練好的特徵模型，只需要下載後就能使用，請從下方網址進行下載，下載後將 xml 檔案和 Python 的程式檔放在同一層目錄下。

- OpenCV 官方 Github：https://github.com/opencv/opencv/tree/4.x/data
- 人臉特徵模型：haarcascade_frontalface_default.xml

偵測影像中的人臉

OpenCV 裡的 CascadeClassifier() 方法 (級聯分類器)，可以根據所提供的模型檔案，判斷某個事件是否屬於某種結果，例如偵測人臉，如果影像中符合模型所定義的人臉屬性，就會出現這個人臉對應的屬性 (座標、尺寸 ... 等)。

使用 CascadeClassifier() 後，會再透過 detectMultiScale() 進行偵測，如果偵測到臉，就會將偵測到的屬性輸出 (串列與字典形式)，相關用法如下：

```
face_cascade = cv2.CascadeClassifier("haarcascade_frontalface_default.
xml")# 設定集聯分類器為人臉的模型 ( haarcascade_frontalface_default.xml )

faces = face_cascade.detectMultiScale(img, scaleFactor, minNeighbors,
flags, minSize, maxSize)
# 偵測並取出相關屬性
```

```
# img 來源影像，建議使用灰階影像
# scaleFactor 前後兩次掃瞄偵測畫面的比例係數，預設 1.1
# minNeighbors 構成檢測目標的相鄰矩形的最小個數，預設 3
# flags 通常不用設定，若設定 CV_HAAR_DO_CANNY_PRUNING 會使用 Canny 邊緣偵測，
排除邊緣過多或過少的區域
# minSize, maxSize 限制目標區域的範圍，通常不用設定
```

下方的例子執行後，會偵測蒙娜麗莎的人臉，並透過繪製形狀的方式，使用方框標記偵測到的人臉，如果有發生偵測到不是人臉的形狀 (例如鈕扣和陰影組合成很像人臉的)，可以調整 scaleFactor 和 minNeighbors 參數再重新偵測。

```
import cv2
img = cv2.imread('mona.jpg')
gray = cv2.cvtColor(img, cv2.COLOR_BGR2GRAY)    # 將圖片轉成灰階

face_cascade = cv2.CascadeClassifier("haarcascade_frontalface_default.
xml")    # 載入人臉模型
faces = face_cascade.detectMultiScale(gray)    # 偵測人臉

for (x, y, w, h) in faces:
    cv2.rectangle(img, (x, y), (x+w, y+h), (0, 255, 0), 2)
# 利用 for 迴圈，抓取每個人臉屬性，繪製方框

cv2.imshow('oxxostudio', img)
cv2.waitKey(0) # 按下任意鍵停止
cv2.destroyAllWindows()
```

❖ 範例程式碼：ch09/code01.py

如果有多張人臉，也可以順利偵測並標記 (圖片為 Fusilamientos de Torrijos y sus compañeros en las playas de Málaga)。

即時偵測影片中的人臉

延伸「3-3、讀取並播放影片」文章的範例，搭配人臉偵測的方法，就可以即時偵測攝影鏡頭裡的人臉。

```
import cv2
cap = cv2.VideoCapture(0)
face_cascade = cv2.CascadeClassifier("haarcascade_frontalface_default.
xml")
faces = face_cascade.detectMultiScale(gray)
if not cap.isOpened():
    print("Cannot open camera")
    exit()
while True:
    ret, frame = cap.read()
    if not ret:
        print("Cannot receive frame")
        break
    frame = cv2.resize(frame,(540,320))     # 縮小尺寸，避免尺寸過大導致效能不好
    gray = cv2.cvtColor(frame, cv2.COLOR_BGR2GRAY)  # 將鏡頭影像轉換成灰階
    faces = face_cascade.detectMultiScale(gray)      # 偵測人臉
    for (x, y, w, h) in faces:
        cv2.rectangle(frame, (x, y), (x+w, y+h), (0, 255, 0), 2)
                                                     # 標記人臉
    cv2.imshow('oxxostudio', frame)
    if cv2.waitKey(1) == ord('q'):
        break
cap.release()
cv2.destroyAllWindows()
```

✜ 範例程式碼：ch09/code02.py

（掃描 QRCode 可以觀看效果）

9-2 偵測人臉，自動加馬賽克

本節會介紹延伸「9-1、人臉偵測」文章的範例，搭配 OpenCV 馬賽克的效果，自動偵測影像中的人臉，並將人臉加上馬賽克。

人臉加上馬賽克

將「人臉偵測」和「馬賽克效果」兩篇文章的範例結合，當影像中偵測到人臉時，透過 x、y 坐標和 w、h 長寬，就能定義馬賽克的位置和大小，下面的程式執行後，會自動將蒙娜麗莎的臉加上馬賽克。

> 參考：6-2、影像的馬賽克效果。

```
import cv2
img = cv2.imread('mona.jpg')
gray = cv2.cvtColor(img, cv2.COLOR_BGR2GRAY)  # 影像轉換成灰階
face_cascade = cv2.CascadeClassifier("haarcascade_frontalface_default.
xml")                                        # 載入人臉偵測模型
faces = face_cascade.detectMultiScale(gray,1.2,3)  # 開始辨識影像中的人臉

for (x, y, w, h) in faces:
    mosaic = img[y:y+h, x:x+w]      # 馬賽克區域
    level = 15                      # 馬賽克程度
    mh = int(h/level)               # 根據馬賽克程度縮小的高度
    mw = int(w/level)               # 根據馬賽克程度縮小的寬度
    mosaic = cv2.resize(mosaic, (mw,mh), interpolation=cv2.INTER_
LINEAR) # 先縮小
    mosaic = cv2.resize(mosaic, (w,h), interpolation=cv2.INTER_NEAREST)
                                    # 然後放大
    img[y:y+h, x:x+w] = mosaic      # 將指定區域換成馬賽克區域

cv2.imshow('oxxostudio', img)
cv2.waitKey(0)                      # 按下任意鍵停止
cv2.destroyAllWindows()
```

✣ 範例程式碼：ch09/code03.py

原圖

自動加上馬賽克

如果有多張人臉，也可以順利偵測，並將偵測到的人臉加上馬賽克 (圖片為 Fusilamientos de Torrijos y sus compañeros en las playas de Málaga)。

即時偵測影片中的人臉並加上馬賽克

延伸「3-3、讀取並播放影片」文章的範例，搭配人臉偵測的方法，就可以即時偵測攝影鏡頭裡的人臉。

```
import cv2
cap = cv2.VideoCapture(0)
```

```
face_cascade = cv2.CascadeClassifier("haarcascade_frontalface_default.
xml")
if not cap.isOpened():
    print("Cannot open camera")
    exit()
while True:
    ret, frame = cap.read()
    if not ret:
        print("Cannot receive frame")
        break
    frame = cv2.resize(frame,(480,300))    # 縮小尺寸，避免尺寸過大導致效能不好
    gray = cv2.cvtColor(frame, cv2.COLOR_BGR2GRAY)    # 影像轉轉灰階
    faces = face_cascade.detectMultiScale(gray)       # 偵測人臉
    for (x, y, w, h) in faces:
        mosaic = frame[y:y+h, x:x+w]
        level = 15
        mh = int(h/level)
        mw = int(w/level)
        mosaic = cv2.resize(mosaic, (mw,mh), interpolation=cv2.INTER_
LINEAR)
        mosaic = cv2.resize(mosaic, (w,h), interpolation=cv2.INTER_
NEAREST)
        frame[y:y+h, x:x+w] = mosaic
    cv2.imshow('oxxostudio', frame)
    if cv2.waitKey(1) == ord('q'):
        break     # 按下 q 鍵停止
cap.release()
cv2.destroyAllWindows()
```

✣ 範例程式碼：ch09/code04.py

(掃描 QRCode 可以觀看效果)

9-3 五官偵測 (眼睛、鼻子、嘴巴)

這個小節會介紹使用 OpenCV，搭配眼睛、嘴巴和鼻子的特徵模型，偵測影像中人的五官，並透過繪製形狀的方式，使用方框標記偵測到的眼睛、鼻子和嘴巴，實現類似 AI 影像辨識的效果。

下載人臉特徵模型

從下方網址下載對應的特徵模型，下載後將 xml 檔案和 Python 的程式檔放在同一層目錄下。

- OpenCV 官方 Github：https://github.com/opencv/opencv/tree/4.x/data
- atduskgreg Github：opencv-processing
- 眼睛特徵模型：haarcascade_eye.xml
- 嘴巴特徵模型：haarcascade_mcs_mouth.xml
- 鼻子特徵模型：haarcascade_mcs_nose.xml

偵測眼睛、鼻子和嘴巴

下方的例子執行後，會偵測圖片中人的眼睛、鼻子和嘴巴，並透過繪製形狀的方式，使用方框標記偵測到的人臉，通常鼻子和嘴巴的準確度較低，容易偵測到其他類似的形狀，至於眼睛的準確度則較高 (圖片使用海倫娜弗爾曼肖像)。

```
import cv2
img = cv2.imread('girl.jpg')
gray = cv2.cvtColor(img, cv2.COLOR_BGR2GRAY)    # 圖片轉灰階
#gray = cv2.medianBlur(gray, 5)         # 如果一直偵測到雜訊，可使用模糊的方式去
                                          除雜訊

eye_cascade = cv2.CascadeClassifier("haarcascade_eye.xml")  # 使用眼睛模型
eyes = eye_cascade.detectMultiScale(gray)                   # 偵測眼睛
for (x, y, w, h) in eyes:
```

```
    cv2.rectangle(img, (x, y), (x+w, y+h), (0, 255, 0), 2) # 標記綠色方框

mouth_cascade = cv2.CascadeClassifier("haarcascade_mcs_mouth.xml")
# 使用嘴巴模型
mouths = mouth_cascade.detectMultiScale(gray)                # 偵測嘴巴
for (x, y, w, h) in mouths:
    cv2.rectangle(img, (x, y), (x+w, y+h), (0, 0, 255), 2) # 標記紅色方框

nose_cascade = cv2.CascadeClassifier("haarcascade_mcs_nose.xml")
# 使用鼻子模型
noses = nose_cascade.detectMultiScale(gray)                  # 偵測鼻子
for (x, y, w, h) in noses:
    cv2.rectangle(img, (x, y), (x+w, y+h), (255, 0, 0), 2) # 標記藍色方框

cv2.imshow('oxxostudio', img)
cv2.waitKey(0)    # 按下任意鍵停止
cv2.destroyAllWindows()
```

✣ 範例程式碼：ch09/code05.py

 即時偵測影片中的五官

延伸「3-3、讀取並播放影片」文章的範例，搭配上述的偵測方法，就可以即時偵測攝影鏡頭裡的眼睛、鼻子和嘴巴。

```
import cv2
cap = cv2.VideoCapture(0)
eye_cascade = cv2.CascadeClassifier("haarcascade_eye.xml")
# 使用眼睛模型
mouth_cascade = cv2.CascadeClassifier("haarcascade_mcs_mouth.xml")
# 使用嘴巴模型
nose_cascade = cv2.CascadeClassifier("haarcascade_mcs_nose.xml")
# 使用鼻子模型
if not cap.isOpened():
    print("Cannot open camera")
    exit()
while True:
    ret, frame = cap.read()
    if not ret:
        print("Cannot receive frame")
        break
    img = cv2.resize(frame,(540,320))
    gray = cv2.medianBlur(img, 1)
    gray = cv2.cvtColor(gray, cv2.COLOR_BGR2GRAY)
    gray = cv2.medianBlur(gray, 5)

    eyes = eye_cascade.detectMultiScale(gray)      # 偵測眼睛
    for (x, y, w, h) in eyes:
        cv2.rectangle(img, (x, y), (x+w, y+h), (0, 255, 0), 2)

    mouths = mouth_cascade.detectMultiScale(gray)  # 偵測嘴巴
    for (x, y, w, h) in mouths:
        cv2.rectangle(img, (x, y), (x+w, y+h), (0, 0, 255), 2)

    noses = nose_cascade.detectMultiScale(gray)    # 偵測鼻子
    for (x, y, w, h) in noses:
        cv2.rectangle(img, (x, y), (x+w, y+h), (255, 0, 0), 2)

    cv2.imshow('oxxostudio', img)
    if cv2.waitKey(1) == ord('q'):
        break     # 按下 q 鍵停止
```

```
cap.release()
cv2.destroyAllWindows()
```

✥ 範例程式碼：ch09/code06.py

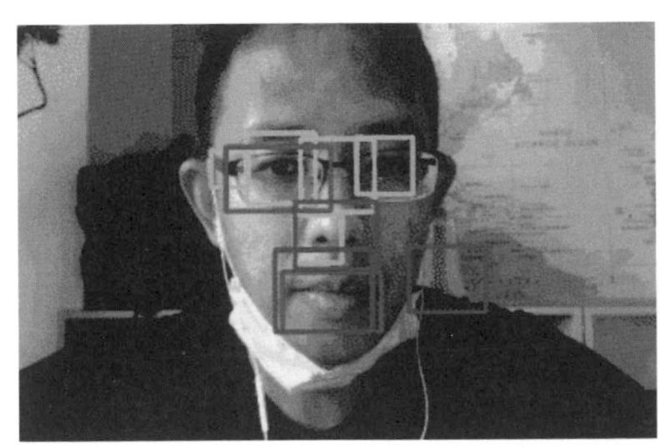

(掃描 QRCode 可以觀看效果)

9-4 汽車偵測

這個小節會介紹使用 OpenCV，搭配汽車特徵模型，偵測影像中的汽車，並透過繪製形狀的方式，使用方框標記偵測到的汽車，實現類似 AI 影像辨識的效果。

下載汽車特徵模型

從下方網址下載汽車特徵模型，下載後將 xml 檔案和 Python 的程式檔放在同一層目錄下。

✥ 汽車特徵模型：https://github.com/andrewssobral/vehicle_detection_haarcascades/blob/master/cars.xml

偵測影像中的汽車

下方的例子執行後，會偵測影像中的汽車，並透過繪製形狀的方式，使用方框標記偵測到的汽車，如果有發生偵測到不是汽車的形狀，可以調整 scaleFactor 和 minNeighbors 參數再重新偵測 (實際使用後發現滿容易誤判汽車、或判斷不到汽車，請自行斟酌使用)。

```
import cv2
img = cv2.imread('cars.jpg')                          # 讀取街道影像
gray = cv2.cvtColor(img, cv2.COLOR_BGR2GRAY)          # 轉換成黑白影像

car = cv2.CascadeClassifier("cars.xml")               # 讀取汽車模型
gray = cv2.medianBlur(gray, 5)                        # 模糊化去除雜訊
cars = car.detectMultiScale(gray, 1.1, 3)             # 偵測汽車
for (x, y, w, h) in cars:
    cv2.rectangle(img, (x, y), (x+w, y+h), (0, 255, 0), 2)   # 繪製外框

cv2.imshow('oxxostudio', img)
cv2.waitKey(0)                                        # 按下任意鍵停止
cv2.destroyAllWindows()
```

✤ 範例程式碼：ch09/code07.py

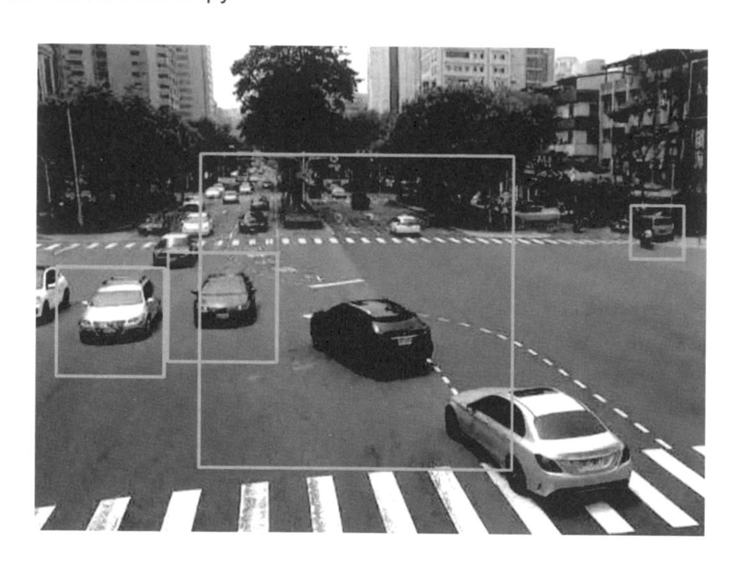

9-5 行人偵測

這個小節會介紹使用 OpenCV，搭配人體特徵模型，偵測影像中的行人，並透過繪製形狀的方式，使用方框標記偵測到的行人，實現類似 AI 影像辨識的效果。

下載行人特徵模型

OpenCV 的官方 Github 提供了許多訓練好的特徵模型，從下方網址下載人體特徵模型，下載後將 xml 檔案和 Python 的程式檔放在同一層目錄下。

- OpenCV 官方 Github：https://github.com/opencv/opencv/tree/4.x/data
- 人體特徵模型：haarcascade_fullbody.xml

偵測影像中的行人

下方的例子執行後，會偵測影像中的行人，並透過繪製形狀的方式，使用方框標記偵測到的行人，如果有發生偵測到不是行人的形狀，可以調整 scaleFactor 和 minNeighbors 參數再重新偵測。

```
import cv2
img = cv2.imread('cars.jpg')                         # 讀取街道影像
gray = cv2.cvtColor(img, cv2.COLOR_BGR2GRAY)         # 轉換成黑白影像

car = cv2.CascadeClassifier("haarcascade_fullbody.xml")      # 讀取人體模型
gray = cv2.medianBlur(gray, 5)                       # 模糊化去除雜訊
cars = car.detectMultiScale(gray, 1.1, 3)            # 偵測行人
for (x, y, w, h) in cars:
    cv2.rectangle(img, (x, y), (x+w, y+h), (0, 255, 0), 2) # 繪製外框

cv2.imshow('oxxostudio', img)
cv2.waitKey(0)                                       # 按下任意鍵停止
cv2.destroyAllWindows()
```

✣ 範例程式碼：ch09/code08.py

9-6 辨識不同人臉

這個小節會介紹使用 OpenCV 內建的 LBPH 人臉訓練功能 (cv2.face.LBPHFaceRecognizer_create())，搭配人臉特徵模型，訓練判斷不同人臉的模型檔案，完成後就能透過攝影機的影像，辨識出不同的人臉，標記出對應的名字。

安裝 opencv_contrib_python

要使用 cv2.face.LBPHFaceRecognizer_create()，必須先安裝 opencv_contrib_python，輸入下列指令進行安裝，opencv_contrib_python 提供 opencv 更多的操作方法。

> 如果使用 Anaconda Jupyter 搭配命令提示字元或終端機安裝，雖然可以順利安裝，但程式執行後可能會出現「module 'cv2' has no attribute 'face'」提示，有兩種解決方法：
>
> - 第一，改成在 Jupyter 裡使用 !pip 直接安裝。
> - 第二，移除 opencv-python 和 opencv_contrib_python，再次重新安裝。

```
pip install opencv_contrib_python
```

使用人臉圖片，訓練模型

如果要辨識不同的人臉，必須先「訓練」不同人臉的模型，透過 cv2.face.LBPHFaceRecognizer_create() 方法，將收集好的人臉圖片 (同樣的人，不同角度的照片 20 ~ 30 張)，以每個 id 為一個人的單位進行影像訓練，保留相關特徵值，屆時只要比對特徵值，就能得到人臉辨識的信心指數。

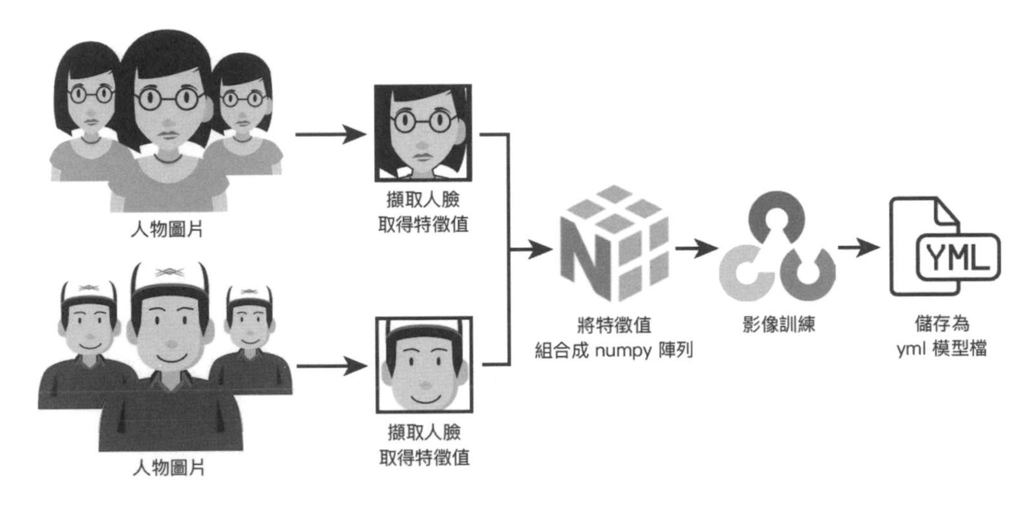

首先準備一些蔡英文的照片和川普的照片 (都是使用 Goolge 圖片搜尋取得)。

接著撰寫下方的程式，除了訓練蔡英文和川普的照片，也搭配一組使用攝影鏡頭記錄自己的人臉影像，經過訓練後產生 yml 模型檔案儲存。

```
import cv2
import numpy as np
detector = cv2.CascadeClassifier('xml/haarcascade_frontalface_default.
xml')  # 載入人臉追蹤模型
recog = cv2.face.LBPHFaceRecognizer_create()       # 啟用訓練人臉模型方法
faces = []    # 儲存人臉位置大小的串列
ids = []      # 記錄該人臉 id 的串列

for i in range(1,31):
    img = cv2.imread(f'face01/{i}.jpg')       # 依序開啟每一張蔡英文的照片
    gray = cv2.cvtColor(img, cv2.COLOR_BGR2GRAY)  # 色彩轉換成黑白
    img_np = np.array(gray,'uint8')             # 轉換成指定編碼的 numpy 陣列
    face = detector.detectMultiScale(gray)          # 擷取人臉區域
    for(x,y,w,h) in face:
        faces.append(img_np[y:y+h,x:x+w])       # 記錄蔡英文人臉的位置和大小內
像素的數值
        ids.append(1)                           # 記錄蔡英文人臉對應的 id，
                                                  只能是整數，
都是 1 表示蔡英文的 id 為 1

for i in range(1,16):
    img = cv2.imread(f'face02/{i}.jpg')       # 依序開啟每一張川普的照片
    gray = cv2.cvtColor(img, cv2.COLOR_BGR2GRAY)  # 色彩轉換成黑白
    img_np = np.array(gray,'uint8')             # 轉換成指定編碼的 numpy 陣列
    face = detector.detectMultiScale(gray)      # 擷取人臉區域
    for(x,y,w,h) in face:
```

```
        faces.append(img_np[y:y+h,x:x+w])    # 記錄川普人臉的位置和大小內像素
                                               的數值
        ids.append(2)                        # 記錄川普人臉對應的 id，
                                               只能是整數，都是 2 表示川普
                                               的 id 為 2

print('training...')                       # 提示開始訓練
recog.train(faces,np.array(ids))           # 開始訓練
recog.save('face.yml')                     # 訓練完成儲存為 face.yml
print('ok!')
```

✤ 範例程式碼：ch09/code09.py

根據模型，辨識不同人臉

已經訓練好 yml 模型檔後，就可以開始進行辨識，**當辨識到人臉，會回傳 id 與該 id 的信心指數 confidence，信心指數數值越小表示越準確**，藉由 id 與信心指數就能判斷出現在畫面中的人臉，並進一步標記對應的名字，下方的程式碼會標記出蔡英文、川普以及 oxxostudio 三個人臉，如果辨識的人臉不屬於這三個人，則會標記 ??? 的文字。

```
import cv2
recognizer = cv2.face.LBPHFaceRecognizer_create()   # 啟用訓練人臉模型方法
recognizer.read('face.yml')                         # 讀取人臉模型檔
cascade_path = "xml/haarcascade_frontalface_default.xml"
# 載入人臉追蹤模型
face_cascade = cv2.CascadeClassifier(cascade_path)        # 啟用人臉追蹤

cap = cv2.VideoCapture(0)                                 # 開啟攝影機
if not cap.isOpened():
    print("Cannot open camera")
    exit()
while True:
    ret, img = cap.read()
    if not ret:
        print("Cannot receive frame")
        break
    img = cv2.resize(img,(540,300))                 # 縮小尺寸，加快辨識效率
    gray = cv2.cvtColor(img,cv2.COLOR_BGR2GRAY)     # 轉換成黑白
    faces = face_cascade.detectMultiScale(gray)
```

```
# 追蹤人臉 ( 目的在於標記出外框 )

    # 建立姓名和 id 的對照表
    name = {
        '1':'Tsai',
        '2':'Trump',
        '3':'oxxostudio'
    }

    # 依序判斷每張臉屬於哪個 id
    for(x,y,w,h) in faces:
        cv2.rectangle(img,(x,y),(x+w,y+h),(0,255,0),2) # 標記人臉外框
        idnum,confidence = recognizer.predict(gray[y:y+h,x:x+w])
# 取出 id 號碼以及信心指數 confidence
        if confidence < 60:
            text = name[str(idnum)]                # 如果信心指數小於
                                                     60，取得對應的名字
        else:
            text = '???'                           # 不然名字就是 ???
        # 在人臉外框旁加上名字
        cv2.putText(img, text, (x,y-5),cv2.FONT_HERSHEY_SIMPLEX, 1,
(0,255,0), 2, cv2.LINE_AA)

    cv2.imshow('oxxostudio', img)
    if cv2.waitKey(5) == ord('q'):
        break     # 按下 q 鍵停止
cap.release()
cv2.destroyAllWindows()
```

✧ 範例程式碼：ch09/code10.py

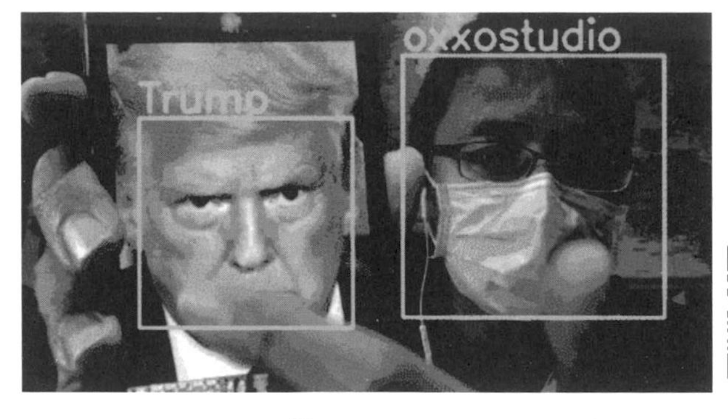

(掃描 QRCode 可以觀看效果)

9-7 單物件追蹤

這個小節會介紹如何使用 OpenCV 裡的單物件追蹤功能 (tracker)，並搭配 cv2.selectROI 選取需要追蹤的物體，就能即時進行該物件的追蹤。

物件追蹤的八種演算法

OpenCV 提供了八種物件追蹤的演算法，演算法的速度和精準度如下表所示：

演算法	速度	精準度	說明
BOOSTING	慢	差	元老級追蹤器，速度較慢，並且不是很準確。
MIL	慢	差	比 BOOSTING 更精確，但仍然不是很準確。
GOTURN	中	中	需要搭配深度運算模型才能運作的追蹤器。
TLD	中	中	速度普通，精準度普通的追蹤器。
MEDIANFLOW	中	中	對於會跳動或快速移動的物件，判斷不是很準確。
KCF	快	高	不錯的追蹤器，但在物件被遮蔽的狀態下不是很準確。
MOSSE	最快	高	速度最快，但精準度比 KCF 和 CSRT 稍差。
CSRT	快	最高	精準度比 KCF 好，但速度比 KCF 慢。

使用 Python 時創建追蹤器的語法如下：

演算法	創建語法
BOOSTING	cv2.TrackerBoosting_create()
MIL	cv2.TrackerMIL_create()
GOTURN	cv2.TrackerGOTURN_create()
TLD	cv2.TrackerTLD_create()
MEDIANFLOW	cv2.TrackerMedianFlow_create()

演算法	創建語法
KCF	cv2.TrackerKCF_create()
MOSSE	cv2.TrackerMOSSE_create()
CSRT	cv2.TrackerCSRT_create()

 cv2.selectROI 選取特定區域

要進行物件追蹤，必須先選取特定區域，OpenCV 內建 cv2.selectROI 方法可以進行選取的功能，使用方法如下：

```
area = cv2.selectROI('視窗名稱', frame, showCrosshair=False,
fromCenter=False)
# area：(x, y, width, height)
# frame：要選取的影像
# showCrosshair：選取框中間是否要有十字線，預設 True
# fromCenter：True 中心點選取，False 右上角選取
```

下方的程式碼執行後，按下鍵盤按鍵 a 就會進入選取模式，此時攝影機畫面會暫停，使用滑鼠拖拉選取後，按下 enter 鍵，就會回傳 xy 座標以及長寬尺寸。

```
import cv2

cap = cv2.VideoCapture(0)
if not cap.isOpened():
    print("Cannot open camera")
    exit()
while True:
    ret, frame = cap.read()
    if not ret:
        print("Cannot receive frame")
        break
    keyName = cv2.waitKey(1)
    # 按下 q 結束
    if keyName == ord('q'):
```

```
        break
    # 按下 a 開始選取
    if keyName == ord('a'):
        # 選取區域
        area = cv2.selectROI('oxxostudio', frame, showCrosshair=False, 
fromCenter=False)
        print(area)

    cv2.imshow('oxxostudio', frame)

cap.release()
cv2.destroyAllWindows()
```

✤ 範例程式碼：ch09/code11.py

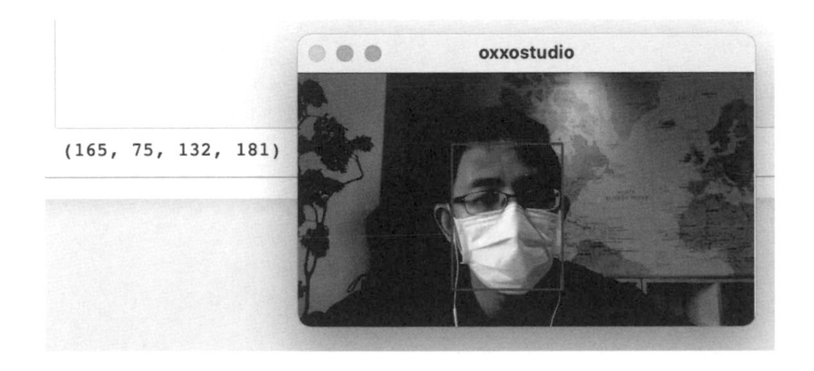

即時追蹤畫面中的特定物體

透過 cv2.selectROI 方法取得區域位置和尺寸後，將位置和尺寸提交給透過 cv2.TrackerCSRT_create() 所創建的追蹤器，搭配 tracker.init 追蹤器初始化以及 tracker.update 追蹤器更新的方法，就能即時追蹤畫面中的特定物體。

下方的程式碼執行後，視窗中會看見攝影機的即時影像，按下鍵盤的 a 後影像會暫停，進入擷取模式，透過滑鼠拖曳出要追蹤的物件區域，按下 Enter 後就會出現紅色追蹤外框，開始追蹤特定的物件。

```
import cv2
```

```
tracker = cv2.TrackerCSRT_create()  # 創建追蹤器
tracking = False                    # 設定 False 表示尚未開始追蹤

cap = cv2.VideoCapture(0)
if not cap.isOpened():
    print("Cannot open camera")
    exit()

while True:
    ret, frame = cap.read()
    if not ret:
        print("Cannot receive frame")
        break
    frame = cv2.resize(frame,(540,300))  # 縮小尺寸，加快速度
    keyName = cv2.waitKey(1)

    if keyName == ord('q'):
        break
    if keyName == ord('a'):
        area = cv2.selectROI('oxxostudio', frame, showCrosshair=False,
fromCenter=False)
        tracker.init(frame, area)    # 初始化追蹤器
        tracking = True              # 設定可以開始追蹤
    if tracking:
        success, point = tracker.update(frame)
                                     # 追蹤成功後，不斷回傳左上和右下的座標
        if success:
            p1 = [int(point[0]), int(point[1])]
            p2 = [int(point[0] + point[2]), int(point[1] + point[3])]
            cv2.rectangle(frame, p1, p2, (0,0,255), 3)
                                    # 根據座標，繪製四邊形，框住要追蹤的物件

    cv2.imshow('oxxostudio', frame)

cap.release()
cv2.destroyAllWindows()
```

✜ 範例程式碼：ch09/code12.py

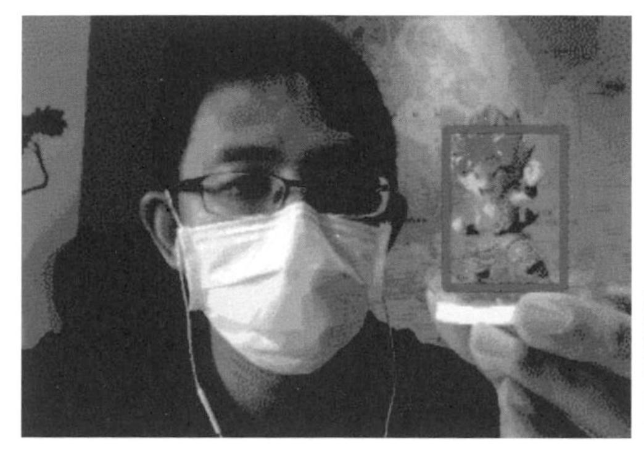

(掃描 QRCode 可以觀看效果)

9-8 多物件追蹤

這個小節會介紹兩種可以將 OpenCV 單物件追蹤改為「多物件」追蹤的方法，透過多物件追蹤的方法，即時追蹤攝影機影像裡的多個物件。

同時使用多次單物件追蹤

延伸「9-7、OpenCV 單物件追蹤」文章，使用多次單物件追蹤的功能，就能實現多物件追蹤的效果，下方的程式碼執行後，會設定三組追蹤器，接著讀取一支影片，讀取後標記影片裡的三個物件，標記完成就會開始追蹤 (實測如果超過兩個物件，就會有一些效能上的問題)。

```
import cv2

tracker_list = []
for i in range(3):
    tracker = cv2.TrackerCSRT_create()          # 創建三組追蹤器
    tracker_list.append(tracker)
colors = [(0,0,255),(0,255,255),(255,255,0)]  # 設定三個外框顏色
tracking = False                             # 設定 False 表示尚未開始追蹤

cap = cv2.VideoCapture('test.mov')            # 讀取某個影片
a = 0                                         # 刪減影片影格使用
if not cap.isOpened():
```

```
    print("Cannot open camera")
    exit()

while True:
    ret, frame = cap.read()
    if not ret:
        print("Cannot receive frame")
        break
    frame = cv2.resize(frame,(400,230))        # 縮小尺寸，加快速度
    keyName = cv2.waitKey(1)
    # 為了避免影片影格太多，所以採用 10 格取一格，加快處理速度
    if a%10 == 0:
        if keyName == ord('q'):
            break
        if tracking == False:
            # 如果尚未開始追蹤，就開始標記追蹤物件的外框
            for i in tracker_list:
                area = cv2.selectROI('oxxostudio', frame,
showCrosshair=False,
fromCenter=False)
                i.init(frame, area)    # 初始化追蹤器
            tracking = True            # 設定可以開始追蹤
        if tracking:
            for i in range(len(tracker_list)):
                success, point = tracker_list[i].update(frame)
# 追蹤成功後，不斷回傳左上和右下的座標
                if success:
                    p1 = [int(point[0]), int(point[1])]
                    p2 = [int(point[0] + point[2]), int(point[1]
                        + point[3])]
                    cv2.rectangle(frame, p1, p2, colors[i], 3)
# 根據座標，繪製四邊形，框住要追蹤的物件

        cv2.imshow('oxxostudio', frame)
    a = a + 1

cap.release()
cv2.destroyAllWindows()
```

✣ 範例程式碼：ch09/code13.py

（掃描 QRCode 可以觀看效果）

使用 MultiTracker 進行多物件追蹤

OpenCV 本身有提供多物件追蹤的方法：cv2.legacy.MultiTracker_create()，透過這個方法，也可以追蹤多個物件，下方的程式碼執行後，會創建多物件追蹤器，接著透過迴圈的方式，指定每個範圍要使用的追蹤演算法，就可以進行多物件追蹤。

```
import cv2

multiTracker = cv2.legacy.MultiTracker_create()  # 建立多物件追蹤器
tracking = False                                 # 設定追蹤尚未開始
colors = [(0,0,255),(0,255,255)]                 # 建立外框色彩清單

cap = cv2.VideoCapture(0)                        # 讀取攝影鏡頭
if not cap.isOpened():
    print("Cannot open camera")
    exit()

while True:
    ret, frame = cap.read()
    if not ret:
        print("Cannot receive frame")
        break
    frame = cv2.resize(frame,(400,230))         # 縮小尺寸加快速度
    keyName = cv2.waitKey(50)
```

```
    if keyName == ord('q'):
        break
    # 按下 a 的時候開始標記物件外框
    if keyName == ord('a'):
        for i in range(2):
            area = cv2.selectROI('oxxostudio', frame,
showCrosshair=False, fromCenter=False)
            # 標記外框後設定該物件的追蹤演算法
            tracker = cv2.legacy.TrackerCSRT_create()
            # 將該物件加入 multiTracker
            multiTracker.add(tracker, frame, area)
        # 設定 True 開始追蹤
        tracking = True
    if tracking:
        # 更新 multiTracker
        success, points = multiTracker.update(frame)
        a = 0
        if success:
            for i in  points:
                p1 = (int(i[0]), int(i[1]))
                p2 = (int(i[0] + i[2]), int(i[1] + i[3]))
                # 標記物件外框
                cv2.rectangle(frame, p1, p2, colors[a], 3)
                a = a + 1
    cv2.imshow('oxxostudio', frame)

cap.release()
cv2.destroyAllWindows()
```

✜ 範例程式碼：ch09/code14.py

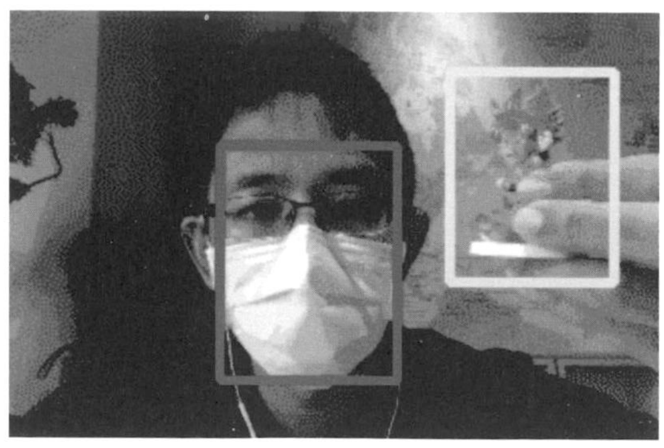

（掃描 QRCode 可以觀看效果）

9-9 抓取影像的特定顏色

這個小節會介紹使用 OpenCV 的 inrange() 方法，指定一個色彩範圍，抓取影像中符合色彩範圍內的顏色，透過這個方式，就可以篩選出影像中的特定顏色物件。

使用 OpenCV 的 inrange() 方法，可以指定一個色彩的最低數值與最高數值 (使用 NumPy 陣列)，抓取符合這個色彩範圍內的所有像素成為新影像 (範圍外的像素都會被過濾掉)，使用方法如下：

```
cv2.inRange(img, lowerb, upperb)
# img 來源影像
# 色彩範圍最低數值
# 色彩範圍最高數值
```

舉例來說，如果要擷取攝影機畫面中的紅色瓶蓋，可以先觀察並記錄瓶蓋的紅色區間 (透過其他繪圖軟體)，區間約略在紅色 252 左右，綠色 70 ～ 80 之間，藍色 55 ～ 70 之間。

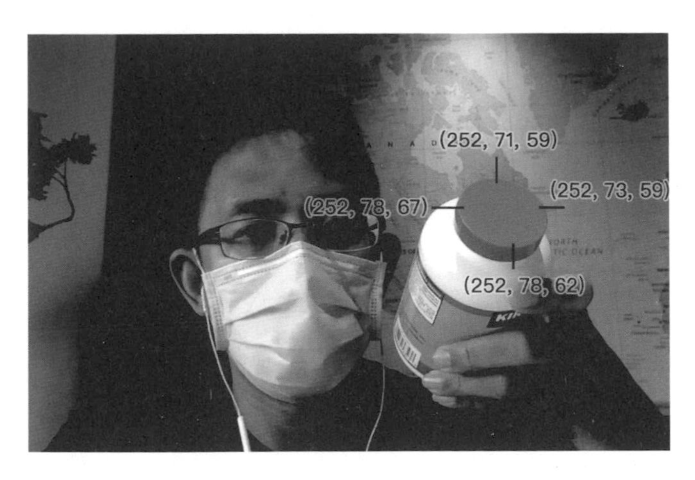

下方的例子，將色彩選取的範圍加大，搭配「7-3、影像遮罩」，就能將擷取出紅色的瓶蓋的部分。

```
import cv2
import numpy as np
lower = np.array([30,40,200])
# 轉換成 NumPy 陣列，範圍稍微變小 ( 55->30, 70->40, 252->200 )
upper = np.array([90,100,255]) # 轉換成 NumPy 陣列，範圍稍微加大 ( 70->90,
80->100, 252->255 )
img = cv2.imread('oxxo.jpg')
mask = cv2.inRange(img, lower, upper)                # 使用 inRange
output = cv2.bitwise_and(img, img, mask = mask )     # 套用影像遮罩
cv2.imwrite('output.jpg', output)
cv2.waitKey(0)                                       # 按下任意鍵停止
cv2.destroyAllWindows()
```

✤ 範例程式碼：ch09/code15.py

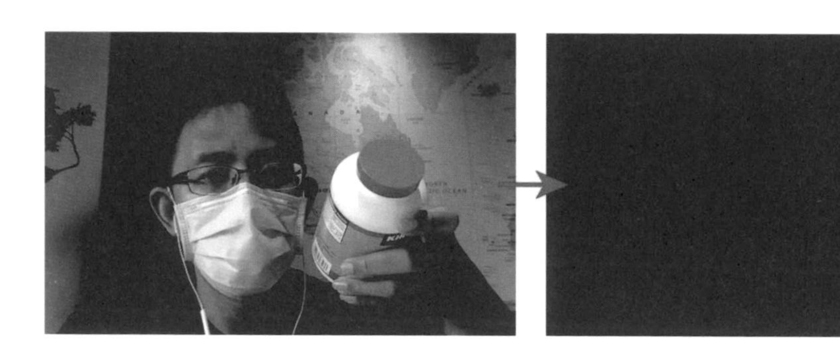

即時抓取影片的特定顏色

延伸「3-3、讀取並播放影片」文章的範例，就能即時獨立出攝影機影片中的瓶蓋。

```
import cv2
import numpy as np
lower = np.array([30,40,200])    # 轉換成 NumPy 陣列，範圍稍微變小
                                   ( 55->30, 70->40,
252->200 )
upper = np.array([90,100,255])   # 轉換成 NumPy 陣列，範圍稍微加大
                                   ( 70->90, 80->100,
252->255 )
cap = cv2.VideoCapture(0)
if not cap.isOpened():
```

```
    print("Cannot open camera")
    exit()
while True:
    ret, frame = cap.read()
    if not ret:
        print("Cannot receive frame")
        break
    mask = cv2.inRange(frame, lower, upper)          # 使用 inRange
    output = cv2.bitwise_and(frame, frame, mask = mask ) # 套用影像遮罩
    cv2.imshow('oxxostudio', output)
    if cv2.waitKey(1) == ord('q'):
        break       # 按下 q 鍵停止
cap.release()
cv2.destroyAllWindows()
```

✣ 範例程式碼：ch09/code16.py

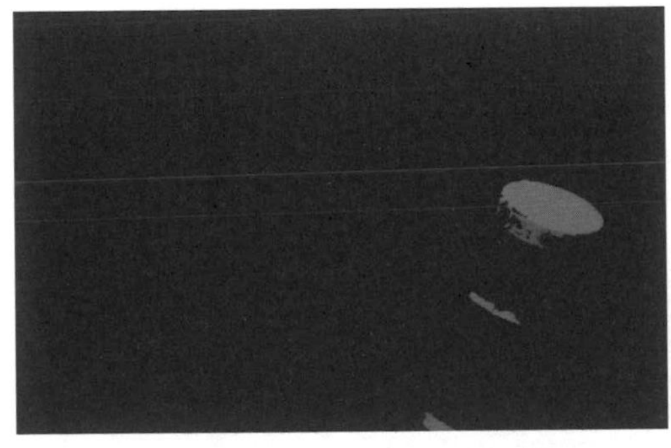

(掃描 QRCode 可以觀看效果)

9-10 追蹤並標記特定顏色

這個小節會介紹如何透過 OpenCV 追蹤特定的顏色，並在追蹤到顏色的時候，使用繪圖的方式標記顏色區域(會使用 inRange、dilate、boundingRect、findContours... 等方法)。

抓取特定顏色，移除顏色內的雜訊

參考「9-9、抓取影像的特定顏色」文章範例，抓取影像中的特定顏色，但抓取到的顏色範圍內，可能會有因為反光或陰影產生的雜訊，這時可以參考「7-2、影像的侵蝕與膨脹」文章範例，讓程式抓取影像中的特定顏色後，使用「膨脹」的方式移除顏色內的雜訊，完成後再利用「侵蝕」縮回原本的大小。

```
import cv2
import numpy as np
lower = np.array([30,40,200])
# 轉換成 NumPy 陣列，範圍稍微變小 ( 55->30, 70->40,
252->200 )
upper = np.array([90,100,255])
# 轉換成 NumPy 陣列，範圍稍微加大 ( 70->90, 80->100,
252->255 )
cap = cv2.VideoCapture(0)
if not cap.isOpened():
    print("Cannot open camera")
    exit()
while True:
    ret, img = cap.read()
    if not ret:
        print("Cannot receive frame")
        break
    img = cv2.resize(img,(640,360))              # 縮小尺寸，加快處理速度
    output = cv2.inRange(img, lower, upper)    # 取得顏色範圍的顏色
    kernel = cv2.getStructuringElement(cv2.MORPH_RECT, (11, 11))
# 設定膨脹與侵蝕的參數
    output = cv2.dilate(output, kernel)        # 膨脹影像，消除雜訊
    output = cv2.erode(output, kernel)         # 縮小影像，還原大小

    cv2.imshow('oxxostudio', output)
    if cv2.waitKey(1) == ord('q'):
        break        # 按下 q 鍵停止
cap.release()
cv2.destroyAllWindows()
```

✤ 範例程式碼：ch09/code17.py

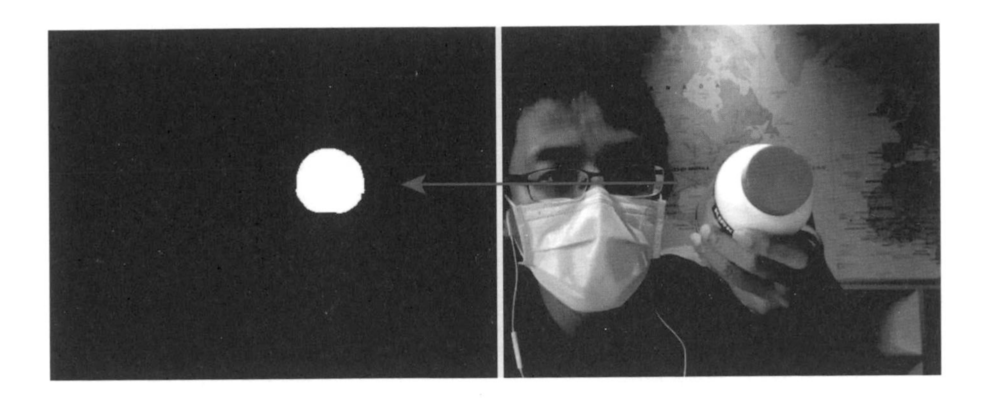

取得顏色範圍的輪廓座標

取得特定顏色後，使用 findContours 抓取顏色範圍的輪廓座標，並透過 for 迴圈印出座標。

```
import cv2
import numpy as np
lower = np.array([30,40,200])
upper = np.array([90,100,255])
cap = cv2.VideoCapture(0)
if not cap.isOpened():
    print("Cannot open camera")
    exit()
while True:
    ret, img = cap.read()
    if not ret:
        print("Cannot receive frame")
        break
    img = cv2.resize(img,(640,360))
    output = cv2.inRange(img, lower, upper)
    kernel = cv2.getStructuringElement(cv2.MORPH_RECT, (11, 11))
    output = cv2.dilate(output, kernel)
    output = cv2.erode(output, kernel)

    # cv2.findContours 抓取顏色範圍的輪廓座標
    # cv2.RETR_EXTERNAL 表示取得範圍的外輪廓座標串列，cv2.CHAIN_APPROX_
SIMPLE 為取值的演算法
    contours, hierarchy = cv2.findContours(output, cv2.RETR_EXTERNAL,
cv2.CHAIN_APPROX_SIMPLE)
```

```
    # 使用 for 迴圈印出座標長相
    for contour in contours:
        print(contour)

    cv2.imshow('oxxostudio', output)
    if cv2.waitKey(1) == ord('q'):
        break
cap.release()
cv2.destroyAllWindows()
```

✤ 範例程式碼：ch09/code18.py

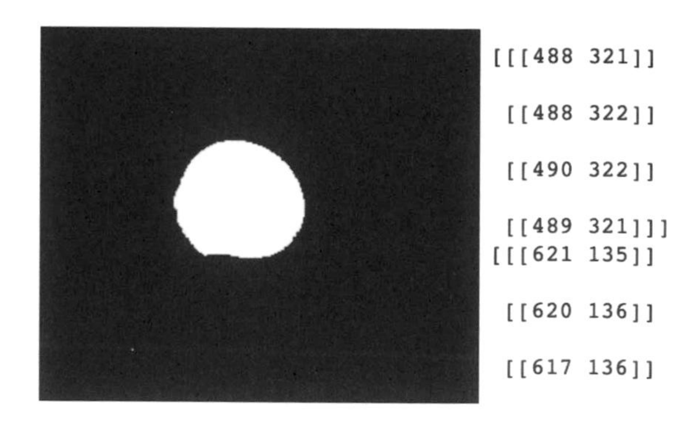

根據輪廓座標，繪製形狀

取得輪廓的座標後，使用 contourArea 計算輪廓座標包覆的面積，如果面積大於 300 再進行繪圖 (避免偵測到背景太小的區域)，繪圖使用 line 的方法，將每一個座標點連在一起。

```
import cv2
import numpy as np
lower = np.array([30,40,200])
upper = np.array([90,100,255])
cap = cv2.VideoCapture(0)
if not cap.isOpened():
    print("Cannot open camera")
    exit()
while True:
    ret, img = cap.read()
    if not ret:
```

```
        print("Cannot receive frame")
        break
    img = cv2.resize(img,(640,360))
    output = cv2.inRange(img, lower, upper)
    kernel = cv2.getStructuringElement(cv2.MORPH_RECT, (11, 11))
    output = cv2.dilate(output, kernel)
    output = cv2.erode(output, kernel)

    contours, hierarchy = cv2.findContours(output, cv2.RETR_EXTERNAL,
cv2.CHAIN_APPROX_SIMPLE)
    for contour in contours:
        area = cv2.contourArea(contour)     # 取得範圍內的面積
        color = (0,0,255)                   # 設定外框顏色
        # 如果面積大於 300 再標記，避免標記到背景中太小的東西
        if(area > 300):
            for i in range(len(contour)):
                if i>0 and i<len(contour)-1:
                    # 從第二個點開始畫線
                    img = cv2.line(img, (contour[i-1][0][0],
contour[i-1][0][1]), (contour[i][0][0], contour[i][0][1]), color, 3)
                elif i == len(contour)-1:
                    # 如果是最後一個點，與第一個點連成一線
                    img = cv2.line(img, (contour[i][0][0], contour[i][0]
[1]), (contour[0][0][0], contour[0][0][1]), color, 3)

    cv2.imshow('oxxostudio', img)
    if cv2.waitKey(1) == ord('q'):
        break
cap.release()
cv2.destroyAllWindows()
```

❖ 範例程式碼：ch09/code19.py

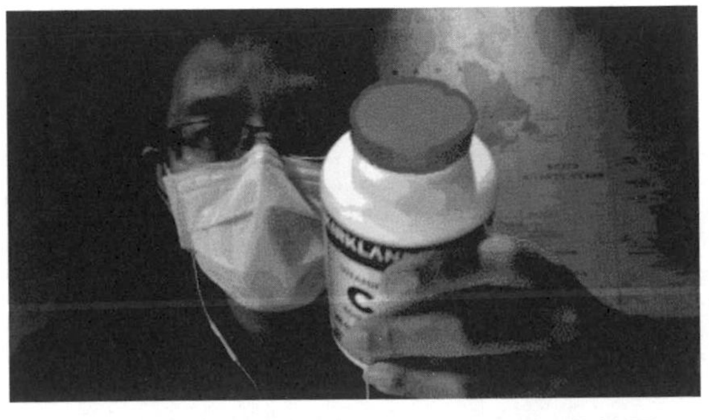

（掃描 QRCode 可以觀看效果）

如果想用四邊形標記特定顏色，可以使用 boundingRect 取得輪廓的 xy 座標和長寬尺寸，再透過 rectangle 繪製四邊形。

```
import cv2
import numpy as np
lower = np.array([30,40,200])    # 轉換成 NumPy 陣列，範圍稍微變小
                                   ( 55->30, 70->40, 252->200 )
upper = np.array([90,100,255])   # 轉換成 NumPy 陣列，範圍稍微加大
                                   ( 70->90, 80->100, 252->255 )
cap = cv2.VideoCapture(0)
if not cap.isOpened():
    print("Cannot open camera")
    exit()
while True:
    ret, img = cap.read()
    if not ret:
        print("Cannot receive frame")
        break
    img = cv2.resize(img,(640,360))
    output = cv2.inRange(img, lower, upper)
    kernel = cv2.getStructuringElement(cv2.MORPH_RECT, (11, 11))
    output = cv2.dilate(output, kernel)
    output = cv2.erode(output, kernel)
    contours, hierarchy = cv2.findContours(output, cv2.RETR_EXTERNAL,
cv2.CHAIN_APPROX_SIMPLE)

    for contour in contours:
        area = cv2.contourArea(contour)
        color = (0,0,255)
        if(area > 300):
            x, y, w, h = cv2.boundingRect(contour)  # 取得座標與長寬尺寸
            img = cv2.rectangle(img, (x, y), (x + w, y + h), color, 3)
# 繪製四邊形

    cv2.imshow('oxxostudio', img)
    if cv2.waitKey(1) == ord('q'):
        break
cap.release()
cv2.destroyAllWindows()
```

✣ 範例程式碼：ch09/code20.py

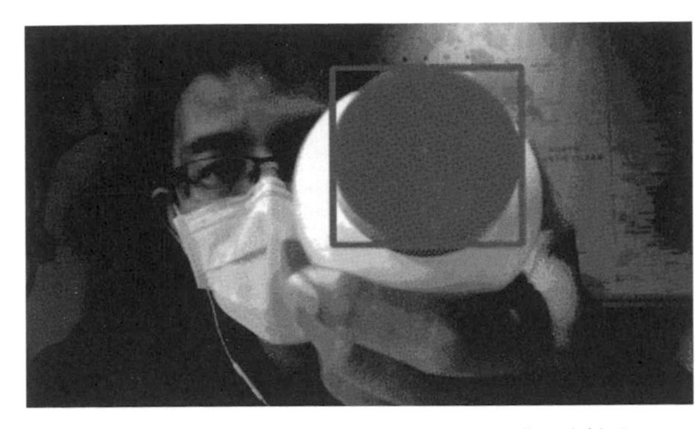

(掃描 QRCode 可以觀看效果)

同時追蹤並標記多種顏色

運用同樣的做法，只要知道顏色範圍，就可以追蹤各種不同的顏色，下方的程式碼執行後，可以追蹤兩種不同的顏色。

```
import cv2
import numpy as np
lower = np.array([30,40,200])
upper = np.array([90,100,255])

blue_lower = np.array([90,100,0])      # 設定藍色最低值範圍
blue_upper = np.array([200,160,100])   # 設定藍色最高值範圍

cap = cv2.VideoCapture(0)
if not cap.isOpened():
    print("Cannot open camera")
    exit()
while True:
    ret, img = cap.read()
    if not ret:
        print("Cannot receive frame")
        break
    img = cv2.resize(img,(640,360))
    output = cv2.inRange(img, lower, upper)
    kernel = cv2.getStructuringElement(cv2.MORPH_RECT, (11, 11))
    output = cv2.dilate(output, kernel)
    output = cv2.erode(output, kernel)
    contours, hierarchy = cv2.findContours(output, cv2.RETR_EXTERNAL,
```

```
cv2.CHAIN_APPROX_SIMPLE)

    for contour in contours:
        area = cv2.contourArea(contour)
        color = (0,0,255)
        if(area > 300):
            x, y, w, h = cv2.boundingRect(contour)
            img = cv2.rectangle(img, (x, y), (x + w, y + h), color, 3)

    # 設定選取藍色的程式
    blue_output = cv2.inRange(img, blue_lower, blue_upper)
    kernel = cv2.getStructuringElement(cv2.MORPH_RECT, (11, 11))
    blue_output = cv2.dilate(blue_output, kernel)
    blue_output = cv2.erode(blue_output, kernel)
    contours, hierarchy = cv2.findContours(blue_output, cv2.RETR_
EXTERNAL, cv2.CHAIN_APPROX_SIMPLE)

    for contour in contours:
        area = cv2.contourArea(contour)
        color = (255,255,0)
        if(area > 300):
            x, y, w, h = cv2.boundingRect(contour)
            img = cv2.rectangle(img, (x, y), (x + w, y + h), color, 3)

    cv2.imshow('oxxostudio', img)
    if cv2.waitKey(1) == ord('q'):
        break
cap.release()
cv2.destroyAllWindows()
```

✣ 範例程式碼：ch09/code21.py

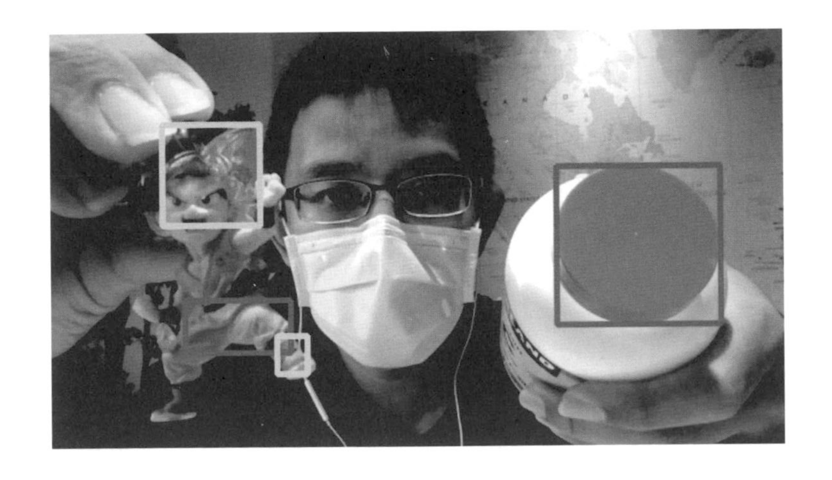

小結

這個章節的內容，主要介紹如何使用 Python 和 OpenCV 來實現人臉偵測、人臉馬賽克、人臉辨識、車輛和行人偵測、目標追蹤和顏色追蹤 ... 等非常實用的技術。透過對這些技術的學習，可以更深入地了解人工智慧在影像處理領域的應用，並且可以將這些技術應用於實際的項目當中，激發更多 AI 領域的興趣、熱情和創意。

第 10 章

MediaPipe 影像辨識

前言

現今的人工智慧技術已經相當成熟，其中一項應用是利用機器學習來進行影像辨識。在這方面，Mediapipe 是一個相當優秀的工具，可以透過 Python 程式語言，利用 Mediapipe 套件進行人臉、手勢、姿勢、物體等影像辨識，甚至還能進行即時背景移除等應用，這個章節會依序介紹這些功能的使用方式。

✤ 本章節的範例程式碼：
https://github.com/oxxostudio/book-code/tree/master/opencv/ch10

10-1 使用 MediaPipe (安裝與啟動)

MediaPipe 是 Google Research 所開發的多媒體機器學習模型應用框架，透過 MediaPipe，可以簡單地實現手部追蹤、人臉檢測或物體檢測等功能，這個小節將會介紹如何安裝、啟動與使用 MediaPipe。

MediaPipe 是什麼？

MediaPipe 是 Google Research 所開發的多媒體機器學習模型應用框架，支援 JavaScript、Python、C++ 等程式語言，可以運行在嵌入式平臺 (例如樹莓派等)、移動設備 (iOS 或 Android) 或後端伺服器，目前如 YouTube、Google Lens、Google Home 和 Nest... 等，都已和 MediaPipe 深度整合。

前往 Mediapipe：https://google.github.io/mediapipe/

MediaPipe

如果使用 Python 語言進行開發，MediaPipe 支援下列幾種辨識功能：

- MediaPipe Face Detection (人臉追蹤)
- MediaPipe Face Mesh (人臉網格)
- MediaPipe Hands (手掌偵測)
- MediaPipe Holistic (全身偵測)
- MediaPipe Pose (姿勢偵測)
- MediaPipe Objectron (物體偵測)
- MediaPipe Selfie Segmentation (人物去背)

建立虛擬環境 (針對 Anaconda Jupyter)

Jupyter 本身是一個 Python 的編輯環境，如果直接安裝 mediapipe 可能會導致運作時互相衝突，因此需要先安裝 mediapipe 的虛擬環境，在上面安裝 mediapipe 後就能正常運行，首先建立一個資料夾 (範例建立一個名為 mediapipe 的資料夾)，如果是 Windows 輸入 cmd 開啟「命令提示字元視窗」(Windows 輸入 cmd)，Mac 開啟終端機，輸入命令前往該資料夾 (通常命令是 cd 資料夾路徑)。

> 如果是本機 Python 環境，可直接略過這個步驟 (本機環境建議參考「使用 Python 虛擬環境」以虛擬環境進行安裝)。

```
(base) → ~ cd Documents/anaconda/mediapipe
(base) → mediapipe
```

進入資料夾的路徑後，輸入下列命令建立 mediapipe 虛擬環境 (下方的 mediapipe 為虛擬環境的名稱，後方 python=3.9 是要使用 python 3.9 版本)。

```
conda create --name mediapipe python=3.9
```

建立環境會需要下載一些對應的套件，按下 y 就可以開始下載安裝，出現 done 就表示虛擬環境安裝完成。

```
Preparing transaction: done
Verifying transaction: done
Executing transaction: done
#
# To activate this environment, use
#
#     $ conda activate mediapipe
#
# To deactivate an active environment, use
#
#     $ conda deactivate

(base) →  mediapipe
```

輸入下列命令，就能開啟並進入 mediapipe 虛擬環境，這時在命令列前方會出現 mediapipe 的提示（輸入指令 conda deactivate 可以關閉當前虛擬環境）。

```
conda activate mediapipe
```

```
(base) →  mediapipe conda activate mediapipe
(mediapipe) →  mediapipe
```

在虛擬環境中安裝 Jupyter

進入虛擬環境後，輸入下列指令，在虛擬環境中安裝 Jupyter，經過自動安裝一系列套件的過程後，出現 done 表示成功安裝。

```
conda install jupyter notebook
```

```
Downloading and Extracting Packages
beautifulsoup4-4.11. | 189 KB    | ############################### | 100%
nbclient-0.5.13      | 92 KB     | ############################### | 100%
Preparing transaction: done
Verifying transaction: done
Executing transaction: done
(mediapipe) →  mediapipe
```

 安裝 mediapipe、tensorflow、opencv

輸入下方指令，安裝 mediapipe。

> 如果是使用本機 Python 環境開發，建議參考「使用 Python 虛擬環境」以虛擬環境進行安裝，並先使用命令 python -m pip install --upgrade pip 將 pip 升級，避免讀取 mediapipe 模組時發生找不到模組的錯誤 (no module named 'mediapipe')。

```
pip install mediapipe
```

輸入下方指令，安裝 tensorflow。

```
ip install tensorflow
```

輸入下方指令，安裝 opencv。

```
pip install opencv-python
```

 啟動 Jupyter 開發環境

開啟 Anaconda，選擇切換到 mediapipe 的環境 (就是剛剛建立的 mediapipe 虛擬環境)。

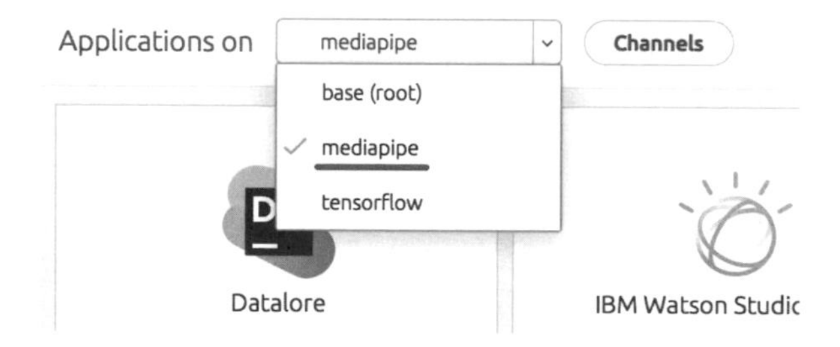

切換環境後，開啟 mediapipe 環境下的 Jupyter，啟動能開發 mediapipe 的環境。

 測試 Mediapipe

新增一個 Jupyter 的專案，輸入下方的程式碼，執行後如果沒有問題，就可以從攝影機即時偵測人臉。

```
import cv2
import mediapipe as mp

cap = cv2.VideoCapture(0)
mp_face_detection = mp.solutions.face_detection
mp_drawing = mp.solutions.drawing_utils

with mp_face_detection.FaceDetection(
    model_selection=0, min_detection_confidence=0.5) as face_detection:

    if not cap.isOpened():
        print("Cannot open camera")
        exit()
    while True:
        ret, img = cap.read()
        if not ret:
            print("Cannot receive frame")
            break

        img.flags.writeable = False
        img = cv2.cvtColor(img, cv2.COLOR_BGR2RGB)
        results = face_detection.process(img)
```

```
        img.flags.writeable = True
        img = cv2.cvtColor(img, cv2.COLOR_RGB2BGR)
        if results.detections:
            print(len(results.detections))
            for detection in results.detections:
                mp_drawing.draw_detection(img, detection)

        cv2.imshow('oxxostudio', img)
        if cv2.waitKey(1) == ord('q'):
            break     # 按下 q 鍵停止
cap.release()
cv2.destroyAllWindows()
```

✣ 範例程式碼：ch10/code01.py

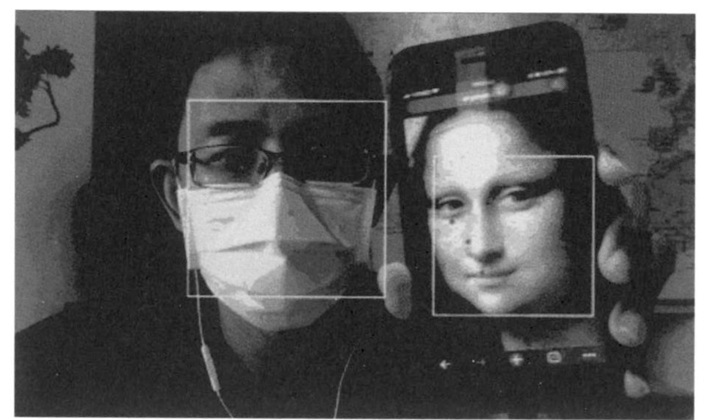

(掃描 QRCode 可以觀看效果)

10-2 人臉偵測 (Face Detection)

這個小節會使用 MediaPipe 的人臉偵測模型 (Face Detection) 偵測人臉，再透過 OpenCV 讀取攝影鏡頭影像進行偵測，最後也會介紹如何取得五官座標資訊，使用繪製形狀的方式，即時在攝影畫面加上卡通的眼睛。

使用 MediaPipe，偵測人臉

下方的程式碼延伸「3-3、讀取並播放影片」文章的範例，搭配 mediapipe 偵測人臉的方法，透過攝影鏡頭獲取影像後，使用白色外框正方形標記人臉，使用紅色小圓點標記五官位置。

```
import cv2
import mediapipe as mp      # 載入 mediapipe 函式庫

cap = cv2.VideoCapture(0)
mp_face_detection = mp.solutions.face_detection    # 建立偵測方法
mp_drawing = mp.solutions.drawing_utils            # 建立繪圖方法

with mp_face_detection.FaceDetection(              # 開始偵測人臉
    model_selection=0, min_detection_confidence=0.5) as face_detection:

    if not cap.isOpened():
        print("Cannot open camera")
        exit()
    while True:
        ret, img = cap.read()
        if not ret:
            print("Cannot receive frame")
            break
        img2 = cv2.cvtColor(img, cv2.COLOR_BGR2RGB)
# 將 BGR 顏色轉換成 RGB
        results = face_detection.process(img2)        # 偵測人臉

        if results.detections:
            for detection in results.detections:
                mp_drawing.draw_detection(img, detection)  # 標記人臉

        cv2.imshow('oxxostudio', img)
        if cv2.waitKey(5) == ord('q'):
            break    # 按下 q 鍵停止
cap.release()
cv2.destroyAllWindows()
```

✤ 範例程式碼：ch10/code02.py

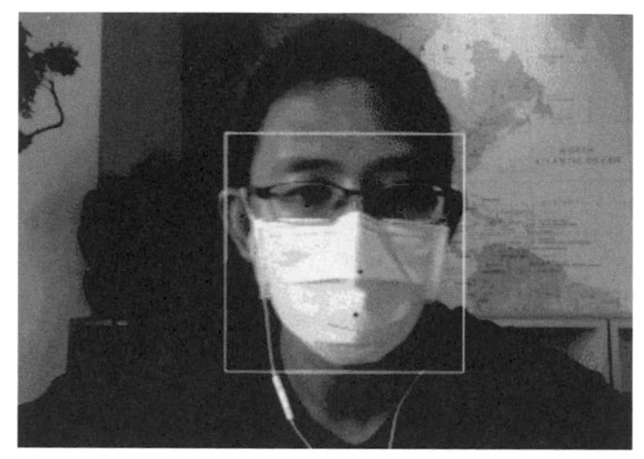

（掃描 QRCode 可以觀看效果）

取得五官座標，繪製形狀

延伸上方的程式碼，在 detection 的 for 迴圈裡，可以取得每個紅色小點的座標，由於座標的意義為該位置在水平或垂直方向的「比例」，所以要額外乘以長寬尺寸才會是正確的座標值，取得座標值後，就能利用 OpenCV 繪製形狀的方式繪製形狀，下面的程式碼，會將人臉的兩個眼睛，加上卡通的眼睛效果。

```
import cv2
import mediapipe as mp

cap = cv2.VideoCapture(0)
mp_face_detection = mp.solutions.face_detection
mp_drawing = mp.solutions.drawing_utils

with mp_face_detection.FaceDetection(
    model_selection=0, min_detection_confidence=0.5) as face_detection:

    if not cap.isOpened():
        print("Cannot open camera")
        exit()
    while True:
        ret, img = cap.read()
        if not ret:
            print("Cannot receive frame")
```

```
            break
        size = img.shape    # 取得攝影機影像尺寸
        w = size[1]         # 取得畫面寬度
        h = size[0]         # 取得畫面高度
        img2 = cv2.cvtColor(img, cv2.COLOR_BGR2RGB)
        results = face_detection.process(img2)

        if results.detections:
            for detection in results.detections:
                mp_drawing.draw_detection(img, detection)
                s = detection.location_data.relative_bounding_box
# 取得人臉尺寸
                eye = int(s.width*w*0.1)
# 計算眼睛大小 ( 人臉尺寸 *0.1 )
                a = detection.location_data.relative_keypoints[0]
# 取得左眼座標
                b = detection.location_data.relative_keypoints[1]
# 取得右眼座標
                ax, ay = int(a.x*w), int(a.y*h)
# 計算左眼真正的座標
                bx, by = int(b.x*w), int(b.y*h)
# 計算右眼真正的座標
                cv2.circle(img,(ax,ay),(eye+10),(255,255,255),-1)
# 畫左眼白色大圓 ( 白眼球 )
                cv2.circle(img,(bx,by),(eye+10),(255,255,255),-1)
# 畫右眼白色大圓 ( 白眼球 )
                cv2.circle(img,(ax,ay),eye,(0,0,0),-1)
# 畫左眼黑色大圓 ( 黑眼球 )
                cv2.circle(img,(bx,by),eye,(0,0,0),-1)
# 畫右眼黑色大圓 ( 黑眼球 )
                cv2.circle(img,(ax-8,ay-8),(eye-15),(255,255,255),-1)
# 畫左眼白色小圓 ( 反光 )
                cv2.circle(img,(bx-8,by-8),(eye-15),(255,255,255),-1)
# 畫右眼白色小圓 ( 反光 )

        cv2.imshow('oxxostudio', img)
        if cv2.waitKey(5) == ord('q'):
            break     # 按下 q 鍵停止
cap.release()
cv2.destroyAllWindows()
```

✤ 範例程式碼：ch10/code03.py

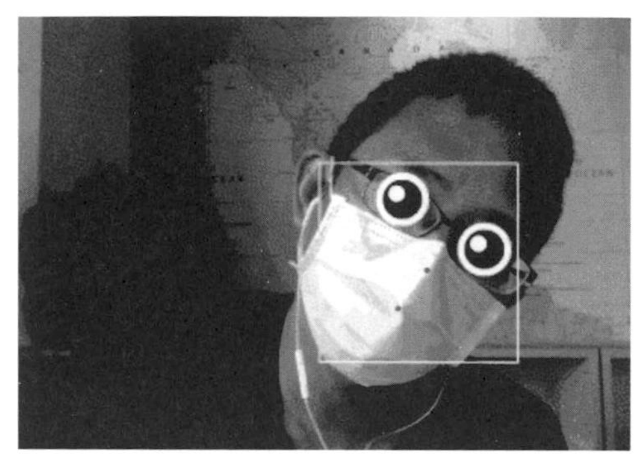

（掃描 QRCode 可以觀看效果）

10-3 人臉網格（Face Mesh）

這個小節會使用 MediaPipe 的人臉網格模型（Face Mesh）偵測人臉，再透過 OpenCV 讀取攝影鏡頭影像進行辨識並在人臉上標記網格，最後還會做出只有 3D 人臉網格在移動的影片。

人臉網格是什麼？

MediaPipe 的 Face Mesh 可以將人臉轉換為幾何網格模型，經由機器學習判斷人臉的表面和深度，再透過 468 個臉部標記（面部姿態變換矩陣、三角形面部網格 ... 等）畫出 3D 的人臉網格，由於已經計算出立體空間的特性，這個方法常用於擴增實境（AR）相關的應用。

從 Mediapipe 官方介紹中可以知道，經過深度運算後的網格，可以更準確的標記出嘴唇、眼睛、鼻子 ... 等立體的五官（圖片來源：https://google.github.io/mediapipe/solutions/face_mesh#python-solution-api）。

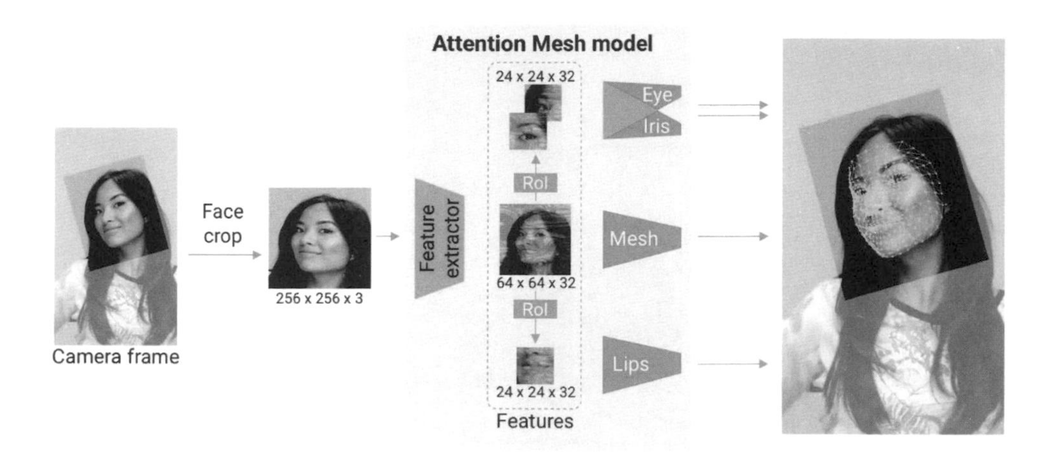

使用 MediaPipe，繪製人臉網格

下方的程式碼延伸「3-3、讀取並播放影片」文章的範例，搭配 mediapipe 人臉網格的方法，透過攝影鏡頭獲取影像後，即時標記出人臉網格。

```
import cv2
import mediapipe as mp

mp_drawing = mp.solutions.drawing_utils            # mediapipe 繪圖方法
mp_drawing_styles = mp.solutions.drawing_styles  # mediapipe 繪圖樣式
mp_face_mesh = mp.solutions.face_mesh              # mediapipe 人臉網格方法
drawing_spec = mp_drawing.DrawingSpec(thickness=1, circle_radius=1)
# 繪圖參數設定

cap = cv2.VideoCapture(0)

# 啟用人臉網格偵測，設定相關參數
with mp_face_mesh.FaceMesh(
    max_num_faces=1,         # 一次偵測最多幾個人臉
    refine_landmarks=True,
    min_detection_confidence=0.5,
    min_tracking_confidence=0.5) as face_mesh:

    if not cap.isOpened():
```

```
        print("Cannot open camera")
        exit()
    while True:
        ret, img = cap.read()
        if not ret:
            print("Cannot receive frame")
            break
        img2 = cv2.cvtColor(img, cv2.COLOR_BGR2RGB)
# 顏色 BGR 轉換為 RGB
        results = face_mesh.process(img2)              # 取得人臉網格資訊
        if results.multi_face_landmarks:
            for face_landmarks in results.multi_face_landmarks:
                # 繪製網格
                mp_drawing.draw_landmarks(
                    image=img,
                    landmark_list=face_landmarks,
                    connections=mp_face_mesh.FACEMESH_TESSELATION,
                    landmark_drawing_spec=None,
                    connection_drawing_spec=mp_drawing_styles
                    .get_default_face_mesh_tesselation_style())
                # 繪製輪廓
                mp_drawing.draw_landmarks(
                    image=img,
                    landmark_list=face_landmarks,
                    connections=mp_face_mesh.FACEMESH_CONTOURS,
                    landmark_drawing_spec=None,
                    connection_drawing_spec=mp_drawing_styles
                    .get_default_face_mesh_contours_style())
                # 繪製眼睛
                mp_drawing.draw_landmarks(
                    image=img,
                    landmark_list=face_landmarks,
                    connections=mp_face_mesh.FACEMESH_IRISES,
                    landmark_drawing_spec=None,
                    connection_drawing_spec=mp_drawing_styles
                    .get_default_face_mesh_iris_connections_style())

        cv2.imshow('oxxostudio', img)
        if cv2.waitKey(5) == ord('q'):
            break    # 按下 q 鍵停止
cap.release()
cv2.destroyAllWindows()
```

✤ 範例程式碼：ch10/code04.py

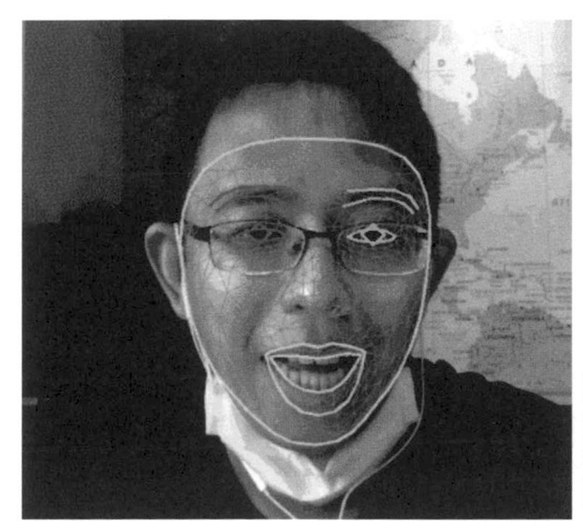

(掃描 QRCode 可以觀看效果)

繪製只有網格的人臉

如果將原本攝影的畫面隱藏，就可以將產生的 3D 人臉網格套用在其他圖片裡，形成有趣的影像。

```
import cv2
import mediapipe as mp
import numpy as np        # 載入 numpy 函式庫

mp_drawing = mp.solutions.drawing_utils
mp_drawing_styles = mp.solutions.drawing_styles
mp_face_mesh = mp.solutions.face_mesh
drawing_spec = mp_drawing.DrawingSpec(thickness=1, circle_radius=1)

cap = cv2.VideoCapture(0)

with mp_face_mesh.FaceMesh(
    max_num_faces=1,
    refine_landmarks=True,
    min_detection_confidence=0.5,
    min_tracking_confidence=0.5) as face_mesh:

    if not cap.isOpened():
        print("Cannot open camera")
        exit()
```

```
    while True:
        ret, img = cap.read()
        if not ret:
            print("Cannot receive frame")
            break
        img = cv2.resize(img,(480,320))          # 調整影像尺寸為 480x320
        output = np.zeros((320,480,3), dtype='uint8')
# 繪製 480x320 的黑色畫布
        img2 = cv2.cvtColor(img, cv2.COLOR_BGR2RGB)
        results = face_mesh.process(img2)
        if results.multi_face_landmarks:
            for face_landmarks in results.multi_face_landmarks:
                # 繪製網格
                mp_drawing.draw_landmarks(
                    image=output,      # 繪製到 output
                    landmark_list=face_landmarks,
                    connections=mp_face_mesh.FACEMESH_TESSELATION,
                    landmark_drawing_spec=None,
                    connection_drawing_spec=mp_drawing_styles
                    .get_default_face_mesh_tesselation_style())
                # 繪製輪廓
                mp_drawing.draw_landmarks(
                    image=output,      # 繪製到 output
                    landmark_list=face_landmarks,
                    connections=mp_face_mesh.FACEMESH_CONTOURS,
                    landmark_drawing_spec=None,
                    connection_drawing_spec=mp_drawing_styles
                    .get_default_face_mesh_contours_style())
                # 繪製眼睛
                mp_drawing.draw_landmarks(
                    image=output,      # 繪製到 output
                    landmark_list=face_landmarks,
                    connections=mp_face_mesh.FACEMESH_IRISES,
                    landmark_drawing_spec=None,
                    connection_drawing_spec=mp_drawing_styles
                    .get_default_face_mesh_iris_connections_style())

        cv2.imshow('oxxostudio', output)      # 顯示 output
        if cv2.waitKey(5) == ord('q'):
            break    # 按下 q 鍵停止
cap.release()
cv2.destroyAllWindows()
```

✤ 範例程式碼：ch10/code05.py

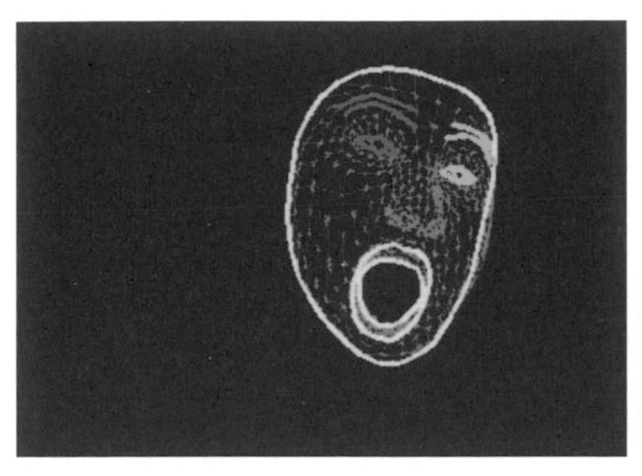

(掃描 QRCode 可以觀看效果)

10-4 手掌偵測 (hands)

這個小節會使用 MediaPipe 的手掌偵測模型 (hands) 偵測雙手的手掌，再透過 OpenCV 讀取攝影鏡頭影像進行辨識，在手掌與每隻手指標記骨架，最後還會簡單設計隔空觸碰的小遊戲。

使用 MediaPipe，偵測並繪製手掌骨架

MediaPipe Hands 利用多個模型協同工作，可以偵測手掌模型，返回手掌與每隻手指精確的 3D 關鍵點，MediaPipe Hand 除了可以偵測清晰的手掌形狀與動作，更可以判斷出少部分被遮蔽的手指形狀和動作，在清晰的畫面下，針對手掌判斷的精準度可達 95.7%。

Mediapipe 偵測手掌後，會在手掌與手指上產生 21 個具有 x、y、z 座標的節點，透過包含立體深度的節點，就能在 3D 場景中做出多種不同的應用，下圖標示出每個節點的順序和位置 (圖片來源：https://google.github.io/mediapipe/solutions/hands#static_image_mode)。

> 如果同時出現兩隻手，採用交錯偵測 (短時間內偵測兩次，一次偵測一隻手)，最後仍然維持 21 個點的數據，如果只希望偵測一隻手，可設定 max_num_hands=1。

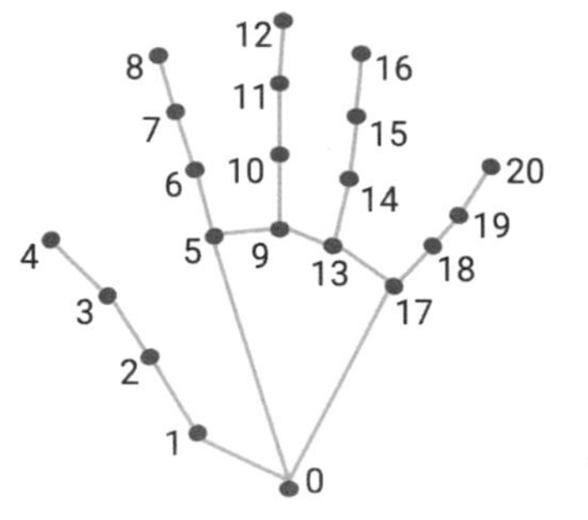

0. WRIST
1. THUMB_CMC
2. THUMB_MCP
3. THUMB_IP
4. THUMB_TIP
5. INDEX_FINGER_MCP
6. INDEX_FINGER_PIP
7. INDEX_FINGER_DIP
8. INDEX_FINGER_TIP
9. MIDDLE_FINGER_MCP
10. MIDDLE_FINGER_PIP
11. MIDDLE_FINGER_DIP
12. MIDDLE_FINGER_TIP
13. RING_FINGER_MCP
14. RING_FINGER_PIP
15. RING_FINGER_DIP
16. RING_FINGER_TIP
17. PINKY_MCP
18. PINKY_PIP
19. PINKY_DIP
20. PINKY_TIP

下方的程式碼延伸「3-3、讀取並播放影片」文章的範例，搭配 mediapipe 手掌偵測的方法，透過攝影鏡頭獲取影像後，即時標記出手掌骨架和動作。

```
import cv2
import mediapipe as mp

mp_drawing = mp.solutions.drawing_utils          # mediapipe 繪圖方法
mp_drawing_styles = mp.solutions.drawing_styles  # mediapipe 繪圖樣式
mp_hands = mp.solutions.hands                    # mediapipe 偵測手掌方法

cap = cv2.VideoCapture(0)

# mediapipe 啟用偵測手掌
with mp_hands.Hands(
    model_complexity=0,
    # max_num_hands=1,
    min_detection_confidence=0.5,
    min_tracking_confidence=0.5) as hands:

    if not cap.isOpened():
        print("Cannot open camera")
        exit()
    while True:
```

```
        ret, img = cap.read()
        if not ret:
            print("Cannot receive frame")
            break
        img2 = cv2.cvtColor(img, cv2.COLOR_BGR2RGB)  # 將 BGR 轉換成 RGB
        results = hands.process(img2)                # 偵測手掌
        if results.multi_hand_landmarks:
            for hand_landmarks in results.multi_hand_landmarks:
                # 將節點和骨架繪製到影像中
                mp_drawing.draw_landmarks(
                    img,
                    hand_landmarks,
                    mp_hands.HAND_CONNECTIONS,
                    mp_drawing_styles.get_default_hand_landmarks_
style(),
                    mp_drawing_styles.get_default_hand_connections_
style())

        cv2.imshow('oxxostudio', img)
        if cv2.waitKey(5) == ord('q'):
            break    # 按下 q 鍵停止
cap.release()
cv2.destroyAllWindows()
```

✣ 範例程式碼：ch10/code06.py

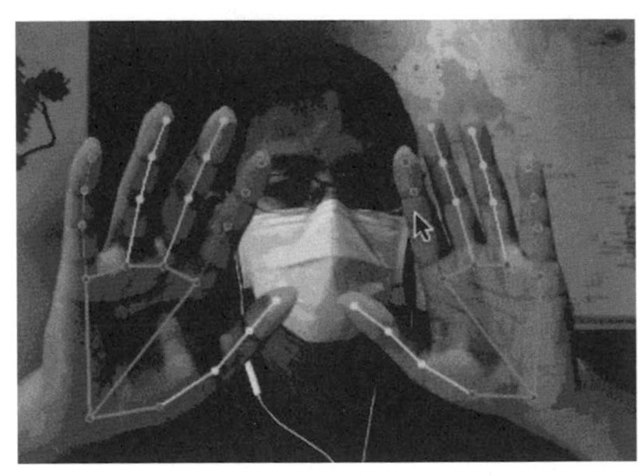

(掃描 QRCode 可以觀看效果)

 隔空觸碰的小遊戲

偵測到手掌後，就可取得 21 個節點的座標位置，下方的程式碼會在攝影機取得畫面時，在畫面上繪製一個正方形區域，當食指末端 (第 8 個節點) 觸碰到這個區域 (座標落在這個區域內)，就將正方形區域移動到隨機的位置。

```
import cv2
import mediapipe as mp
import random

mp_drawing = mp.solutions.drawing_utils              # mediapipe 繪圖方法
mp_drawing_styles = mp.solutions.drawing_styles  # mediapipe 繪圖樣式
mp_hands = mp.solutions.hands                        # mediapipe 偵測手掌方法

cap = cv2.VideoCapture(0)

# mediapipe 啟用偵測手掌
with mp_hands.Hands(
    model_complexity=0,
    min_detection_confidence=0.5,
    min_tracking_confidence=0.5) as hands:

    if not cap.isOpened():
        print("Cannot open camera")
        exit()

    run = True          # 設定是否更動觸碰區位置
    while True:
        ret, img = cap.read()
        if not ret:
            print("Cannot receive frame")
            break
        img = cv2.resize(img,(540,320))  # 調整畫面尺寸
        size = img.shape    # 取得攝影機影像尺寸
        w = size[1]         # 取得畫面寬度
        h = size[0]         # 取得畫面高度
        if run:
            run = False     # 如果沒有碰到，就一直是 False ( 不會更換位置 )
            rx = random.randint(50,w-50)     # 隨機 x 座標
            ry = random.randint(50,h-100)    # 隨機 y 座標
            print(rx, ry)
```

```
        img2 = cv2.cvtColor(img, cv2.COLOR_BGR2RGB)
# 將 BGR 轉換成 RGB
        results = hands.process(img2)                # 偵測手掌
        if results.multi_hand_landmarks:
            for hand_landmarks in results.multi_hand_landmarks:
                x = hand_landmarks.landmark[7].x * w
# 取得食指末端 x 座標
                y = hand_landmarks.landmark[7].y * h
# 取得食指末端 y 座標
                print(x,y)
                if x>rx and x<(rx+80) and y>ry and y<(ry+80):
                    run = True
                # 將節點和骨架繪製到影像中
                mp_drawing.draw_landmarks(
                    img,
                    hand_landmarks,
                    mp_hands.HAND_CONNECTIONS,
                    mp_drawing_styles.get_default_hand_landmarks_
style(),
                    mp_drawing_styles.get_default_hand_connections_
style())

        cv2.rectangle(img,(rx,ry),(rx+80,ry+80),(0,0,255),5)
# 畫出觸碰區
        cv2.imshow('oxxostudio', img)
        if cv2.waitKey(5) == ord('q'):
            break     # 按下 q 鍵停止
cap.release()
cv2.destroyAllWindows()
```

✤ 範例程式碼：ch10/code07.py

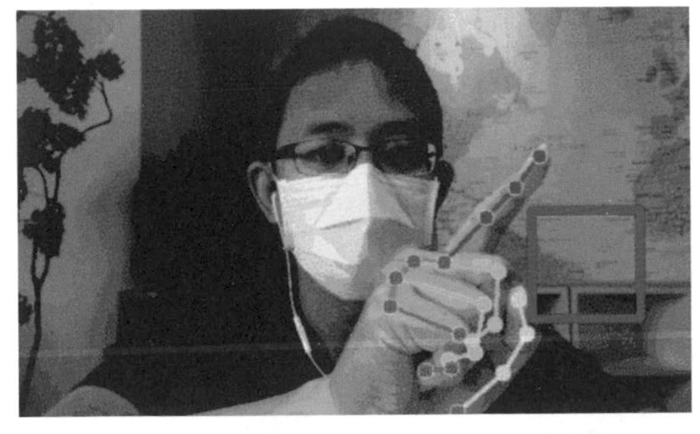

（掃描 QRCode 可以觀看效果）

10-5 姿勢偵測 (Pose)

這個小節會使用 MediaPipe 的姿勢偵測模型 (pose) 偵測人體姿勢，再透過 OpenCV 讀取攝影鏡頭影像進行辨識，將頭手四肢軀幹標記出對應的節點以及骨架，最後甚至還可透過偵測到的姿勢，作出即時去背的效果。

使用 MediaPipe，偵測姿勢並繪製骨架

Mediapipe Pose 模型可以標記出身體共 33 個姿勢節點的位置，甚至可以進一步透過這些節點，將人物與背景分離，做到去背的效果，下圖標示出每個節點的順序和位置 (圖片來源：https://google.github.io/mediapipe/solutions/pose#python-solution-api)。

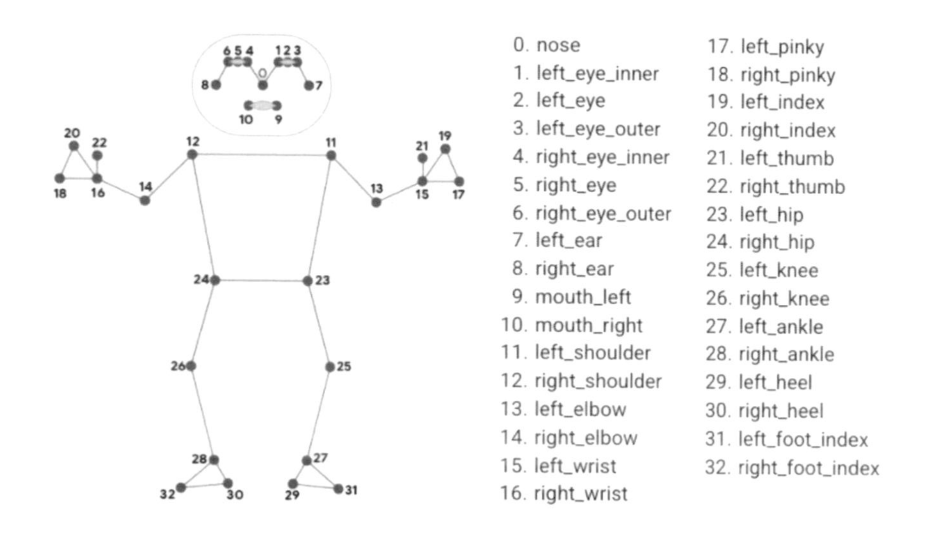

下方的程式碼延伸「3-3、讀取並播放影片」文章的範例，搭配 mediapipe 姿勢偵測的方法，透過攝影鏡頭獲取影像後，即時標記出身體骨架和動作。

```
import cv2
import mediapipe as mp
mp_drawing = mp.solutions.drawing_utils          # mediapipe 繪圖方法
mp_drawing_styles = mp.solutions.drawing_styles  # mediapipe 繪圖樣式
mp_pose = mp.solutions.pose                      # mediapipe 姿勢偵測

cap = cv2.VideoCapture(0)

# 啟用姿勢偵測
with mp_pose.Pose(
    min_detection_confidence=0.5,
    min_tracking_confidence=0.5) as pose:

    if not cap.isOpened():
        print("Cannot open camera")
        exit()
    while True:
        ret, img = cap.read()
        if not ret:
            print("Cannot receive frame")
            break
        img = cv2.resize(img,(520,300))               # 縮小尺寸，加快演算速度
        img2 = cv2.cvtColor(img, cv2.COLOR_BGR2RGB)
# 將 BGR 轉換成 RGB
        results = pose.process(img2)                  # 取得姿勢偵測結果
        # 根據姿勢偵測結果，標記身體節點和骨架
        mp_drawing.draw_landmarks(
            img,
            results.pose_landmarks,
            mp_pose.POSE_CONNECTIONS,
            landmark_drawing_spec=mp_drawing_styles.get_default_pose_
landmarks_style())

        cv2.imshow('oxxostudio', img)
        if cv2.waitKey(5) == ord('q'):
            break     # 按下 q 鍵停止
cap.release()
cv2.destroyAllWindows()
```

✜ 範例程式碼：ch10/code08.py

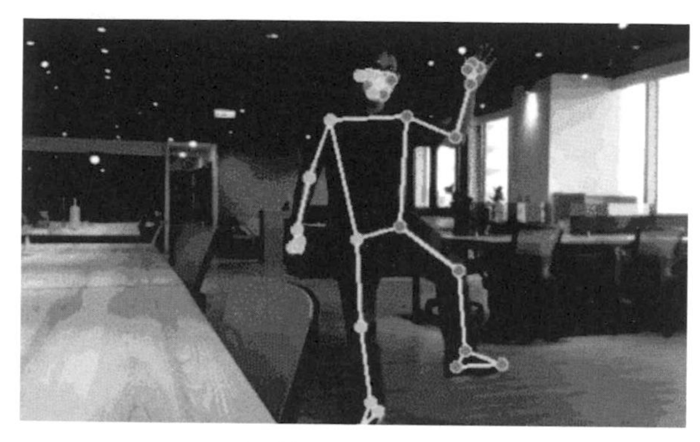

（掃描 QRCode 可以觀看效果）

透過姿勢偵測，進行即時去背

若額外設定 enable_segmentation 參數為 True，則會透過姿勢判斷人體，進一步做到去背的效果，下方的程式碼會將人物背景換成 windows 的經典背景。

```
import cv2
import mediapipe as mp
import numpy as np
mp_drawing = mp.solutions.drawing_utils
mp_drawing_styles = mp.solutions.drawing_styles
mp_pose = mp.solutions.pose

cap = cv2.VideoCapture(0)
bg = cv2.imread('windows-bg.jpg')    # 載入 windows 經典背景

with mp_pose.Pose(
    min_detection_confidence=0.5,
    enable_segmentation=True,         # 額外設定 enable_segmentation 參數
    min_tracking_confidence=0.5) as pose:

    if not cap.isOpened():
        print("Cannot open camera")
        exit()
    while True:
        ret, img = cap.read()
        if not ret:
```

```
            print("Cannot receive frame")
            break
        img = cv2.resize(img,(520,300))
        img2 = cv2.cvtColor(img, cv2.COLOR_BGR2RGB)
        results = pose.process(img2)
        try:
            # 使用 try 避免抓不到姿勢時發生錯誤
            condition = np.stack((results.segmentation_mask,) * 3,
axis=-1) > 0.1
            # 如果滿足模型判斷條件 ( 表示要換成背景 )，回傳 True
            img = np.where(condition, img, bg)
            # 將主體與背景合成，如果滿足背景條件，就更換為 bg 的像素，不然維持原本的
              img 的像素
        except:
            pass
        mp_drawing.draw_landmarks(
            img,
            results.pose_landmarks,
            mp_pose.POSE_CONNECTIONS,
            landmark_drawing_spec=mp_drawing_styles.get_default_pose_
landmarks_style())

        cv2.imshow('oxxostudio', img)
        if cv2.waitKey(5) == ord('q'):
            break     # 按下 q 鍵停止
cap.release()
cv2.destroyAllWindows()
```

✤ 範例程式碼：ch10/code09.py

(掃描 QRCode 可以觀看效果)

10-6 全身偵測 (Holistic)

這個小節會使用 MediaPipe 的全身偵測模型 (Holistic) 偵測人體，抓取頭、四肢等軀幹部位，再透過 OpenCV 讀取攝影鏡頭影像進行辨識，將五官、頭手四肢軀幹標記出節點以及骨架。

使用 MediaPipe，偵測並繪製身體骨架

Mediapipe Holistic 集合了人體姿勢、面部標誌和手部追蹤三種模型與相關的演算法，可以偵測身體姿勢、臉部網格、手掌動作，完整偵測則會產生 543 個偵測節點 (33 個姿勢節點、468 個臉部節點和每隻手 21 個手部節點) (圖片來源：https://google.github.io/mediapipe/solutions/holistic.html)。

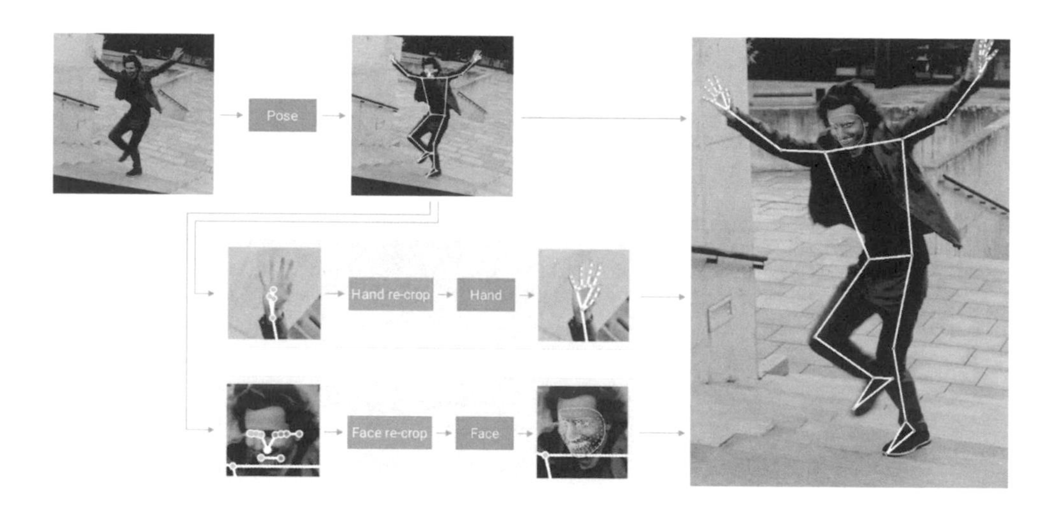

下方的程式碼延伸「3-3、讀取並播放影片」文章的範例，搭配 mediapipe 全身偵測的方法，透過攝影鏡頭獲取影像後，即時標記出身體骨架和動作。

```
import cv2
import mediapipe as mp

mp_drawing = mp.solutions.drawing_utils         # mediapipe 繪圖方法
mp_drawing_styles = mp.solutions.drawing_styles # mediapipe 繪圖樣式
mp_holistic = mp.solutions.holistic             # mediapipe 全身偵測方法

cap = cv2.VideoCapture(0)

# mediapipe 啟用偵測全身
with mp_holistic.Holistic(
    min_detection_confidence=0.5,
    min_tracking_confidence=0.5) as holistic:

    if not cap.isOpened():
        print("Cannot open camera")
        exit()
    while True:
        ret, img = cap.read()
        if not ret:
            print("Cannot receive frame")
            break
        img = cv2.resize(img,(520,300))
        img2 = cv2.cvtColor(img, cv2.COLOR_BGR2RGB)  # 將 BGR 轉換成 RGB
        results = holistic.process(img2)             # 開始偵測全身
        # 面部偵測，繪製臉部網格
        mp_drawing.draw_landmarks(
            img,
            results.face_landmarks,
            mp_holistic.FACEMESH_CONTOURS,
            landmark_drawing_spec=None,
            connection_drawing_spec=mp_drawing_styles
            .get_default_face_mesh_contours_style())
        # 身體偵測，繪製身體骨架
        mp_drawing.draw_landmarks(
            img,
            results.pose_landmarks,
            mp_holistic.POSE_CONNECTIONS,
            landmark_drawing_spec=mp_drawing_styles
            .get_default_pose_landmarks_style())

        cv2.imshow('oxxostudio', img)
        if cv2.waitKey(5) == ord('q'):
```

```
            break     # 按下 q 鍵停止
cap.release()
cv2.destroyAllWindows()
```

✣ 範例程式碼：ch10/code10.py

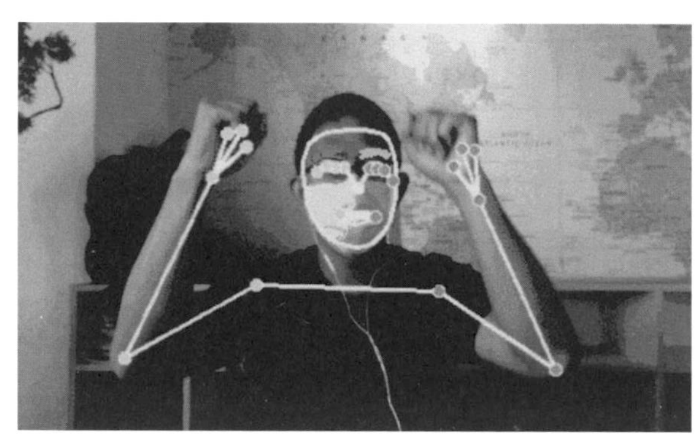

（掃描 QRCode 可以觀看效果）

10-7 物體偵測 (Objectron)

這個小節會使用 MediaPipe 的物體偵測模型 (Objectron) 偵測特定的物體，再透過 OpenCV 讀取攝影鏡頭影像進行辨識，使用 3D 的立方體形狀框出偵測到的物體。

使用 MediaPipe，偵測物體

Mediapipe Objectron 模型可以透過 3D 立方體標記偵測到的「特定物體」，並進一步標記出所偵測到物體的 3D 大小，3D 空間並非真正的立體空間，而是透過「2D 邊界」搭配「深度學習」所計算得出 (圖片來源：https://google.github.io/mediapipe/solutions/objectron#model_name)。

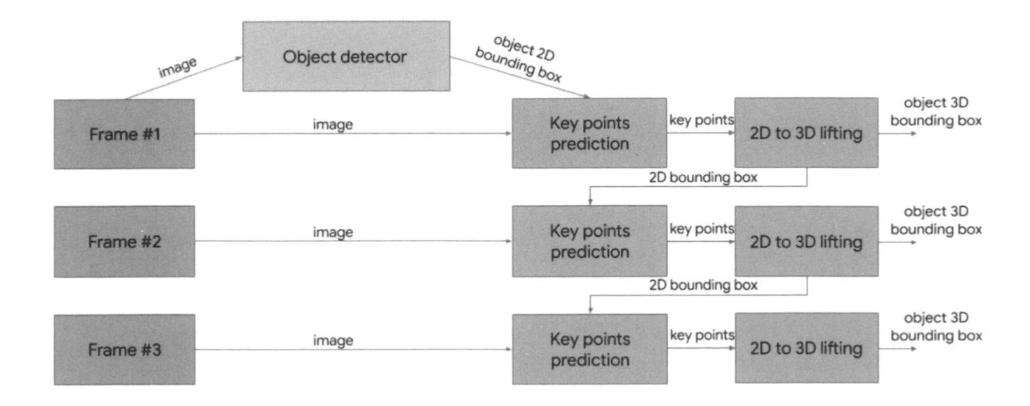

目前 Mediapipe Objectron 可以偵測 Cup (馬克杯)、Shoe (鞋子)、Camera (單眼相機) 和 Chair (椅子) 四種物體，未來會陸續提供更多可偵測的物體 (圖片來源：https://github.com/google-research-datasets/Objectron/)。

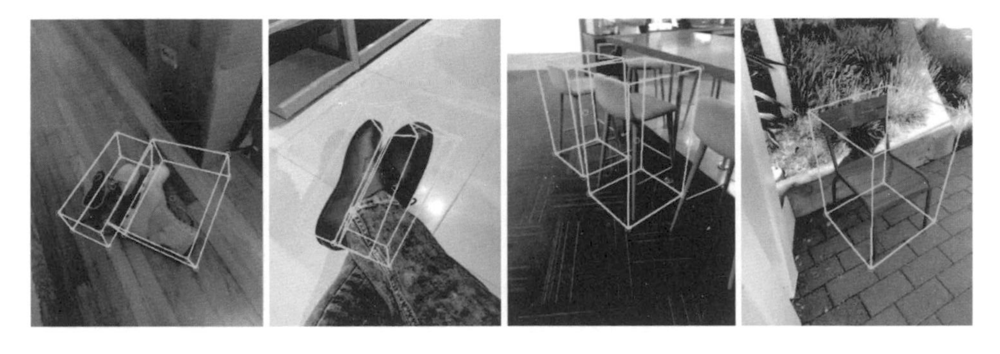

下方的程式碼延伸「3-3、讀取並播放影片」文章的範例，搭配 mediapipe 物體偵測的方法，透過攝影鏡頭獲取影像後，即時標記出腳上穿的鞋子。

```
import cv2
import mediapipe as mp
mp_drawing = mp.solutions.drawing_utils   # mediapipe 繪圖方法
mp_objectron = mp.solutions.objectron     # mediapipe 物體偵測

cap = cv2.VideoCapture(0)

# 啟用物體偵測，偵測鞋子 Shoe
```

```
with mp_objectron.Objectron(static_image_mode=False,
                            max_num_objects=5,
                            min_detection_confidence=0.5,
                            min_tracking_confidence=0.99,
                            model_name='Shoe') as objectron:

    if not cap.isOpened():
        print("Cannot open camera")
        exit()
    while True:
        ret, img = cap.read()
        if not ret:
            print("Cannot receive frame")
            break
        img = cv2.resize(img,(520,300))          # 縮小尺寸，加快演算速度
        img2 = cv2.cvtColor(img, cv2.COLOR_BGR2RGB)
# 將 BGR 轉換成 RGB
        results = objectron.process(img2)               # 取得物體偵測結果
        # 標記所偵測到的物體
        if results.detected_objects:
            for detected_object in results.detected_objects:
                mp_drawing.draw_landmarks(
                  img, detected_object.landmarks_2d, mp_objectron.BOX_
CONNECTIONS)
                mp_drawing.draw_axis(img, detected_object.rotation,
                                     detected_object.translation)

        cv2.imshow('oxxostudio', img)
        if cv2.waitKey(5) == ord('q'):
            break    # 按下 q 鍵停止
cap.release()
cv2.destroyAllWindows()
```

✤ 範例程式碼：ch10/code11.py

（掃描 QRCode 可以觀看效果）

10-8 人物去背 (Selfie Segmentation)

這個小節會使用 MediaPipe 的自拍分割模型（Selfie Segmentation）偵測人物主體後，將背景去除，再透過 OpenCV 讀取攝影鏡頭影像加入虛擬背景，即時將去背的人物與背景合成。

使用 MediaPipe，偵測人物主體並去背

Mediapipe Selfie Segmentation 使用基於 MobileNetV3 的模型，可以將場景中的突出人物與背景分離，**雖然能做到即時的去背效果，但如果是「複雜」的的背景，有可能會出現偵測錯誤的狀況，因此仍然建議使用「單純」的背景，才能看出比較好的效果**（有時甚至需要打光，強化主體人物，達到更好的去背效果）。

下方的程式碼延伸「3-3、讀取並播放影片」文章的範例，搭配 mediapipe ，偵測人物主體並去背的方法，透過攝影鏡頭獲取影像後，將人物和 windows 的經典背景進行合成。

```
import cv2
import mediapipe as mp
import numpy as np
```

```
mp_drawing = mp.solutions.drawing_utils              # mediapipe 繪圖功能
mp_selfie_segmentation = mp.solutions.selfie_segmentation
# mediapipe 自拍分割方法

cap = cv2.VideoCapture(0)
bg = cv2.imread('windows-bg.jpg')    # 載入 windows 經典背景

# mediapipe 啟用自拍分割
with mp_selfie_segmentation.SelfieSegmentation(
    model_selection=1) as selfie_segmentation:

    if not cap.isOpened():
        print("Cannot open camera")
        exit()
    while True:
        ret, img = cap.read()
        if not ret:
            print("Cannot receive frame")
            break
        img = cv2.resize(img,(520,300))              # 縮小尺寸，加快演算速度
        img2 = cv2.cvtColor(img, cv2.COLOR_BGR2RGB)
# 將 BGR 轉換成 RGB
        results = selfie_segmentation.process(img2)    # 取得自拍分割結果
        condition = np.stack((results.segmentation_mask,) * 3, axis=-1)
> 0.1 # 如果滿足模型判斷條件 ( 表示要換成背景 )，回傳 True
        output_image = np.where(condition, img, bg)
        # 將主體與背景合成，如果滿足背景條件，就更換為 bg 的像素，不然維持原本的
img 的像素

        cv2.imshow('oxxostudio', output_image)
        if cv2.waitKey(5) == ord('q'):
            break     # 按下 q 鍵停止
cap.release()
cv2.destroyAllWindows()
```

✤ 範例程式碼：ch10/code12.py

(掃描 QRCode 可以觀看效果)

10-9 手勢辨識

這個小節會延伸「10-4、手掌偵測 (hands)」文章的範例，當偵測到手指的節點後，運用公式計算出「手指角度」，再透過手指的角度進行手勢辨識 (辨識手勢 0 ～ 9、比 rock、比讚 ... 等)。

計算手指角度，進行手勢辨識

因為整體程式碼較多，因此將詳細說明寫在程式碼的註解內，程式碼的重點如下：

- import math 函式庫，參考「靜態手勢 - 圖像二維方式約束參考代碼」文章，定義透過節點座標計算五隻手指角度的函式 (vector_2d_angle 和 hand_angle)。
- 取得手指角度後 (串列格式)，再定義另外一個函式 (hand_pos)，由這個函式判斷角度範圍，回傳該角度所代表的文字。
- 參考「Mediapipe 手掌偵測 (hands)」文章，啟用手掌偵測並將偵測到的節點座標，帶入 hand_angle 函式，將計算出的角度串列帶入 hand_pos 求出目前的手勢。

- 如果偵測到手指的角度如果小於 50 度，表示手指伸直，大於等於 50 度表示手指捲縮，可使用 print 先印出結果，再根據結果調整角度範圍。

```
import cv2
import mediapipe as mp
import math

mp_drawing = mp.solutions.drawing_utils
mp_drawing_styles = mp.solutions.drawing_styles
mp_hands = mp.solutions.hands

# 根據兩點的座標，計算角度
def vector_2d_angle(v1, v2):
    v1_x = v1[0]
    v1_y = v1[1]
    v2_x = v2[0]
    v2_y = v2[1]
    try:
        angle_= math.degrees(math.acos((v1_x*v2_x+v1_y*v2_y)/(((v1_
x**2+v1_y**2)**0.5)*((v2_x**2+v2_y**2)**0.5))))
    except:
        angle_ = 180
    return angle_

# 根據傳入的 21 個節點座標，得到該手指的角度
def hand_angle(hand_):
    angle_list = []
    # thumb 大拇指角度
    angle_ = vector_2d_angle(
        ((int(hand_[0][0])- int(hand_[2][0])),(int(hand_[0]
[1])-int(hand_[2][1]))),
        ((int(hand_[3][0])- int(hand_[4][0])),(int(hand_[3][1])-
int(hand_[4][1])))
        )
    angle_list.append(angle_)
    # index 食指角度
    angle_ = vector_2d_angle(
        ((int(hand_[0][0])-int(hand_[6][0])),(int(hand_[0][1])-
int(hand_[6][1]))),
        ((int(hand_[7][0])- int(hand_[8][0])),(int(hand_[7][1])-
int(hand_[8][1])))
        )
    angle_list.append(angle_)
```

```
    # middle 中指角度
    angle_ = vector_2d_angle(
        ((int(hand_[0][0])- int(hand_[10][0])),(int(hand_[0][1])- int(hand_
[10][1]))),
        ((int(hand_[11][0])- int(hand_[12][0])),(int(hand_[11][1])-
int(hand_[12]
[1])))
        )
    angle_list.append(angle_)
    # ring 無名指角度
    angle_ = vector_2d_angle(
        ((int(hand_[0][0])- int(hand_[14][0])),(int(hand_[0][1])- int(hand_
[14][1]))),
        ((int(hand_[15][0])- int(hand_[16][0])),(int(hand_[15][1])-
int(hand_[16]
[1])))
        )
    angle_list.append(angle_)
    # pink 小拇指角度
    angle_ = vector_2d_angle(
        ((int(hand_[0][0])- int(hand_[18][0])),(int(hand_[0][1])- int(hand_
[18][1]))),
        ((int(hand_[19][0])- int(hand_[20][0])),(int(hand_[19][1])-
int(hand_[20]
[1])))
        )
    angle_list.append(angle_)
    return angle_list

# 根據手指角度的串列內容，返回對應的手勢名稱
def hand_pos(finger_angle):
    f1 = finger_angle[0]   # 大拇指角度
    f2 = finger_angle[1]   # 食指角度
    f3 = finger_angle[2]   # 中指角度
    f4 = finger_angle[3]   # 無名指角度
    f5 = finger_angle[4]   # 小拇指角度

    # 小於 50 表示手指伸直，大於等於 50 表示手指捲縮
    if f1<50 and f2>=50 and f3>=50 and f4>=50 and f5>=50:
        return 'good'
    elif f1>=50 and f2>=50 and f3<50 and f4>=50 and f5>=50:
        return 'no!!!'
    elif f1<50 and f2<50 and f3>=50 and f4>=50 and f5<50:
```

```
        return 'ROCK!'
    elif f1>=50 and f2>=50 and f3>=50 and f4>=50 and f5>=50:
        return '0'
    elif f1>=50 and f2>=50 and f3>=50 and f4>=50 and f5<50:
        return 'pink'
    elif f1>=50 and f2<50 and f3>=50 and f4>=50 and f5>=50:
        return '1'
    elif f1>=50 and f2<50 and f3<50 and f4>=50 and f5>=50:
        return '2'
    elif f1>=50 and f2>=50 and f3<50 and f4<50 and f5<50:
        return 'ok'
    elif f1<50 and f2>=50 and f3<50 and f4<50 and f5<50:
        return 'ok'
    elif f1>=50 and f2<50 and f3<50 and f4<50 and f5>50:
        return '3'
    elif f1>=50 and f2<50 and f3<50 and f4<50 and f5<50:
        return '4'
    elif f1<50 and f2<50 and f3<50 and f4<50 and f5<50:
        return '5'
    elif f1<50 and f2>=50 and f3>=50 and f4>=50 and f5<50:
        return '6'
    elif f1<50 and f2<50 and f3>=50 and f4>=50 and f5>=50:
        return '7'
    elif f1<50 and f2<50 and f3<50 and f4>=50 and f5>=50:
        return '8'
    elif f1<50 and f2<50 and f3<50 and f4<50 and f5>=50:
        return '9'
    else:
        return ''

cap = cv2.VideoCapture(0)                # 讀取攝影機
fontFace = cv2.FONT_HERSHEY_SIMPLEX  # 印出文字的字型
lineType = cv2.LINE_AA                   # 印出文字的邊框

# mediapipe 啟用偵測手掌
with mp_hands.Hands(
    model_complexity=0,
    min_detection_confidence=0.5,
    min_tracking_confidence=0.5) as hands:

    if not cap.isOpened():
        print("Cannot open camera")
        exit()
```

```
    w, h = 540, 310                                          # 影像尺寸
    while True:
        ret, img = cap.read()
        img = cv2.resize(img, (w,h))                      # 縮小尺寸，加快處理效率
        if not ret:
            print("Cannot receive frame")
            break
        img2 = cv2.cvtColor(img, cv2.COLOR_BGR2RGB)   # 轉換成 RGB 色彩
        results = hands.process(img2)                     # 偵測手勢
        if results.multi_hand_landmarks:
            for hand_landmarks in results.multi_hand_landmarks:
                finger_points = []                        # 記錄手指節點座標的串列
                for i in hand_landmarks.landmark:
                    # 將 21 個節點換算成座標，記錄到 finger_points
                    x = i.x*w
                    y = i.y*h
                    finger_points.append((x,y))
                if finger_points:
                    finger_angle = hand_angle(finger_points)
# 計算手指角度，回傳長度為 5 的串列
                    #print(finger_angle)   # 印出角度 ( 有需要就開啟註解 )
                    text = hand_pos(finger_angle)   # 取得手勢所回傳的內容
                    cv2.putText(img, text, (30,120), fontFace, 5,
(255,255,255), 10, lineType) # 印出文字

        cv2.imshow('oxxostudio', img)
        if cv2.waitKey(5) == ord('q'):
            break
cap.release()
cv2.destroyAllWindows()
```

✜ 範例程式碼：ch10/code13.py

(掃描 QRCode 可以觀看效果)

10-10 辨識比中指，自動馬賽克

會延伸「10-9、手勢辨識」文章的範例，當辨識到「比中指」的不雅手勢，就自動將手掌加入馬賽克效果。

透過手指座標，計算馬賽克區域

因為整體程式碼較多，因此將詳細說明寫在程式碼的註解內，程式碼的重點如下：

- 沿用「10-9、手勢辨識」文章的範例程式。
- 使用 fx 和 fy 兩個空串列，記錄 x 和 y 的數值。
- 從 fx 和 fy 陣列中取得最大值和最小值，計算馬賽克的四邊形範圍。
- 偵測到中指出現時，將四邊形馬賽克。

```
import cv2
import mediapipe as mp
import math

mp_drawing = mp.solutions.drawing_utils
mp_drawing_styles = mp.solutions.drawing_styles
mp_hands = mp.solutions.hands

# 根據兩點的座標，計算角度
def vector_2d_angle(v1, v2):
    v1_x = v1[0]
    v1_y = v1[1]
    v2_x = v2[0]
    v2_y = v2[1]
    try:
        angle_= math.degrees(math.acos((v1_x*v2_x+v1_y*v2_y)/(((v1_
x**2+v1_y**2)**0.5)*((v2_x**2+v2_y**2)**0.5))))
    except:
        angle_ = 180
    return angle_

# 根據傳入的 21 個節點座標，得到該手指的角度
def hand_angle(hand_):
```

```
    angle_list = []
    # thumb 大拇指角度
    angle_ = vector_2d_angle(
            ((int(hand_[0][0])- int(hand_[2][0])),(int(hand_[0][1])-int(hand_
[2][1]))),
              ((int(hand_[3][0])- int(hand_[4][0])),(int(hand_[3][1])-
int(hand_[4][1])))
        )
    angle_list.append(angle_)
    # index 食指角度
    angle_ = vector_2d_angle(
              ((int(hand_[0][0])-int(hand_[6][0])),(int(hand_[0][1])-
int(hand_[6][1]))),
              ((int(hand_[7][0])- int(hand_[8][0])),(int(hand_[7][1])-
int(hand_[8][1])))
        )
    angle_list.append(angle_)
    # middle 中指角度
    angle_ = vector_2d_angle(
              ((int(hand_[0][0])- int(hand_[10][0])),(int(hand_[0][1])-
int(hand_[10][1]))),
              ((int(hand_[11][0])- int(hand_[12][0])),(int(hand_[11][1])-
int(hand_[12][1])))
        )
    angle_list.append(angle_)
    # ring 無名指角度
    angle_ = vector_2d_angle(
        ((int(hand_[0][0])- int(hand_[14][0])),(int(hand_[0][1])- int(hand_
[14][1]))),
         ((int(hand_[15][0])- int(hand_[16][0])),(int(hand_[15][1])-
int(hand_[16]
[1])))
        )
    angle_list.append(angle_)
    # pink 小拇指角度
    angle_ = vector_2d_angle(
              ((int(hand_[0][0])- int(hand_[18][0])),(int(hand_[0][1])-
int(hand_
18][1]))),
              ((int(hand_[19][0])- int(hand_[20][0])),(int(hand_[19][1])-
int(hand_[20][1])))
        )
    angle_list.append(angle_)
```

```
    return angle_list

# 根據手指角度的串列內容，返回對應的手勢名稱
def hand_pos(finger_angle):
    f1 = finger_angle[0]    # 大拇指角度
    f2 = finger_angle[1]    # 食指角度
    f3 = finger_angle[2]    # 中指角度
    f4 = finger_angle[3]    # 無名指角度
    f5 = finger_angle[4]    # 小拇指角度

    # 小於 50 表示手指伸直，大於等於 50 表示手指捲縮
    if f1<50 and f2>=50 and f3>=50 and f4>=50 and f5>=50:
        return 'good'
    elif f1>=50 and f2>=50 and f3<50 and f4>=50 and f5>=50:
        return 'no!!!'
    elif f1<50 and f2<50 and f3>=50 and f4>=50 and f5<50:
        return 'ROCK!'
    elif f1>=50 and f2>=50 and f3>=50 and f4>=50 and f5>=50:
        return '0'
    elif f1>=50 and f2>=50 and f3>=50 and f4>=50 and f5<50:
        return 'pink'
    elif f1>=50 and f2<50 and f3>=50 and f4>=50 and f5>=50:
        return '1'
    elif f1>=50 and f2<50 and f3<50 and f4>=50 and f5>=50:
        return '2'
    elif f1>=50 and f2>=50 and f3<50 and f4<50 and f5<50:
        return 'ok'
    elif f1<50 and f2>=50 and f3<50 and f4<50 and f5<50:
        return 'ok'
    elif f1>=50 and f2<50 and f3<50 and f4<50 and f5>50:
        return '3'
    elif f1>=50 and f2<50 and f3<50 and f4<50 and f5<50:
        return '4'
    elif f1<50 and f2<50 and f3<50 and f4<50 and f5<50:
        return '5'
    elif f1<50 and f2>=50 and f3>=50 and f4>=50 and f5<50:
        return '6'
    elif f1<50 and f2<50 and f3>=50 and f4>=50 and f5>=50:
        return '7'
    elif f1<50 and f2<50 and f3<50 and f4>=50 and f5>=50:
        return '8'
    elif f1<50 and f2<50 and f3<50 and f4<50 and f5>=50:
        return '9'
```

```
    else:
        return ''

cap = cv2.VideoCapture(0)                # 讀取攝影機
fontFace = cv2.FONT_HERSHEY_SIMPLEX  # 印出文字的字型
lineType = cv2.LINE_AA                   # 印出文字的邊框

# mediapipe 啟用偵測手掌
with mp_hands.Hands(
    model_complexity=0,
    min_detection_confidence=0.5,
    min_tracking_confidence=0.5) as hands:

    if not cap.isOpened():
        print("Cannot open camera")
        exit()
    w, h = 540, 310                                  # 影像尺寸
    while True:
        ret, img = cap.read()
        img = cv2.resize(img, (w,h))                 # 縮小尺寸，加快處理效率
        if not ret:
            print("Cannot receive frame")
            break
        img2 = cv2.cvtColor(img, cv2.COLOR_BGR2RGB)  # 轉換成 RGB 色彩
        results = hands.process(img2)
        if results.multi_hand_landmarks:
            for hand_landmarks in results.multi_hand_landmarks:
                finger_points = []                   # 記錄手指節點座標的串列
                fx = []                              # 記錄所有 x 座標的串列
                fy = []                              # 記錄所有 y 座標的串列
                for i in hand_landmarks.landmark:
                    # 將 21 個節點換算成座標，記錄到 finger_points
                    x = i.x*w                            # 計算 x 座標
                    y = i.y*h                            # 計算 y 座標
                    finger_points.append((x,y))
                    fx.append(int(x))                    # 記錄 x 座標
                    fy.append(int(y))                    # 記錄 y 座標
                if finger_points:
                    finger_angle = hand_angle(finger_points)
# 計算手指角度，回傳長度為 5 的串列
                    #print(finger_angle)
# 印出角度 ( 有需要就開啟註解 )
                    text = hand_pos(finger_angle)     # 取得手勢所回傳的內容
```

```
                    if text == 'no!!!':
                        x_max = max(fx)
# 如果是比中指，取出 x 座標最大值
                        y_max = max(fy)
# 如果是比中指，取出 y 座標最大值
                        x_min = min(fx) - 10
# 如果是比中指，取出 x 座標最小值
                        y_min = min(fy) - 10
# 如果是比中指，取出 y 座標最小值
                        if x_max > w: x_max = w
# 如果最大值超過邊界，將最大值等於邊界
                        if y_max > h: y_max = h
# 如果最大值超過邊界，將最大值等於邊界
                        if x_min < 0: x_min = 0
# 如果最小值超過邊界，將最小值等於邊界
                        if y_min < 0: y_min = 0
# 如果最小值超過邊界，將最小值等於邊界
                        mosaic_w = x_max - x_min     # 計算四邊形的寬
                        mosaic_h = y_max - y_min     # 計算四邊形的高
                        mosaic = img[y_min:y_max, x_min:x_max]
# 取出四邊形區域
                        mosaic = cv2.resize(mosaic, (8,8),
interpolation=cv2.INTER_LINEAR)  # 根據縮小尺寸縮小
                        mosaic = cv2.resize(mosaic, (mosaic_w,mosaic_h),
interpolation=cv2.INTER_NEAREST) # 放大到原本的大小
                        img[y_min:y_max, x_min:x_max] = mosaic
# 馬賽克區域
                    else:
                        cv2.putText(img, text, (30,120), fontFace, 5,
(255,255,255), 10, lineType) # 印出文字

        cv2.imshow('oxxostudio', img)
        if cv2.waitKey(5) == ord('q'):
            break
cap.release()
cv2.destroyAllWindows()
```

✤ 範例程式碼：ch10/code14.py

（掃描 QRCode 可以觀看效果）

10-11 辨識手指，用手指在影片中畫圖

這個小節會延伸「10-9、手勢辨識」和「8-3、在影片中即時繪圖」文章，當辨識到「食指」時，就讓食指尖端可以在影像中畫出線條，如果換成別的手勢就會停止，除此之外，額外設計成「如果食指碰到指定顏色，畫出的線條就會變成指定顏色」的效果。

辨識手指，用手指在影像中畫圖

因為整體程式碼較多，因此將詳細說明寫在程式碼的註解內，程式碼的重點如下：

- 沿用「10-9、手勢辨識」文章的範例程式。
- 使用 NumPy 產生黑色畫布，尺寸和影像相同，顏色使用包含 alpha 色版的 (0,0,0,0)。
- 在畫面中放入三個不同顏色的正方形，預設起始顏色為紅色 (0,0,255,255)。
- 偵測手指如果是「1」的手勢，取得食指末端的座標。
- 將座標記錄到串列中，透過串列取值 (取出倒數第一和第二個)，在黑色畫布上繪製直線。

- 參考「8-3、在影片中即時繪圖」文章範例，將黑色畫布與影像合成為新的影像。

```
import cv2
import mediapipe as mp
import math

mp_drawing = mp.solutions.drawing_utils
mp_drawing_styles = mp.solutions.drawing_styles
mp_hands = mp.solutions.hands

# 根據兩點的座標，計算角度
def vector_2d_angle(v1, v2):
    v1_x = v1[0]
    v1_y = v1[1]
    v2_x = v2[0]
    v2_y = v2[1]
    try:
        angle_= math.degrees(math.acos((v1_x*v2_x+v1_y*v2_y)/(((v1_
x**2+v1_
y**2)**0.5)*((v2_x**2+v2_y**2)**0.5))))
    except:
        angle_ = 180
    return angle_

# 根據傳入的 21 個節點座標，得到該手指的角度
def hand_angle(hand_):
    angle_list = []
    # thumb 大拇指角度
    angle_ = vector_2d_angle(
        ((int(hand_[0][0])- int(hand_[2][0])),(int(hand_[0]
[1])-int(hand_[2][1]))),
        ((int(hand_[3][0])- int(hand_[4][0])),(int(hand_[3][1])-
int(hand_[4][1])))
        )
    angle_list.append(angle_)
    # index 食指角度
    angle_ = vector_2d_angle(
        ((int(hand_[0][0])-int(hand_[6][0])),(int(hand_[0][1])-
int(hand_[6][1]))),
        ((int(hand_[7][0])- int(hand_[8][0])),(int(hand_[7][1])-
int(hand_[8][1])))
        )
```

```
    angle_list.append(angle_)
    # middle 中指角度
    angle_ = vector_2d_angle(
        ((int(hand_[0][0])- int(hand_[10][0])),(int(hand_[0][1])-
int(hand_[10][1]))),
        ((int(hand_[11][0])- int(hand_[12][0])),(int(hand_[11][1])-
int(hand_[12][1])))
        )
    angle_list.append(angle_)
    # ring 無名指角度
    angle_ = vector_2d_angle(
        ((int(hand_[0][0])- int(hand_[14][0])),(int(hand_[0][1])-
int(hand_[14][1]))),
        ((int(hand_[15][0])- int(hand_[16][0])),(int(hand_[15][1])-
int(hand_[16][1])))
        )
    angle_list.append(angle_)
    # pink 小拇指角度
    angle_ = vector_2d_angle(
        ((int(hand_[0][0])- int(hand_[18][0])),(int(hand_[0][1])- int(hand_
[18][1]))),
        ((int(hand_[19][0])- int(hand_[20][0])),(int(hand_[19][1])-
int(hand_[20]
[1])))
        )
    angle_list.append(angle_)
    return angle_list

# 根據手指角度的串列內容，返回對應的手勢名稱
def hand_pos(finger_angle):
    f1 = finger_angle[0]   # 大拇指角度
    f2 = finger_angle[1]   # 食指角度
    f3 = finger_angle[2]   # 中指角度
    f4 = finger_angle[3]   # 無名指角度
    f5 = finger_angle[4]   # 小拇指角度

    # 小於 50 表示手指伸直，大於等於 50 表示手指捲縮
    if f1>=50 and f2<50 and f3>=50 and f4>=50 and f5>=50:
        return '1'
    else:
        return ''

cap = cv2.VideoCapture(0)                # 讀取攝影機
```

```
fontFace = cv2.FONT_HERSHEY_SIMPLEX   # 印出文字的字型
lineType = cv2.LINE_AA                # 印出文字的邊框

# mediapipe 啟用偵測手掌
with mp_hands.Hands(
    model_complexity=0,
    min_detection_confidence=0.5,
    min_tracking_confidence=0.5) as hands:

    if not cap.isOpened():
        print("Cannot open camera")
        exit()
    w, h = 540, 310                                        # 影像尺寸
    draw = np.zeros((h,w,4), dtype='uint8')
# 繪製全黑背景，尺寸和影像相同
    dots = []                            # 使用 dots 空串列記錄繪圖座標點
    cv2.rectangle(draw,(20,20),(60,60),(0,0,255,255),-1)
# 在畫面上方放入紅色正方形
    cv2.rectangle(draw,(80,20),(120,60),(0,255,0,255),-1)
# 在畫面上方放入綠色正方形
    cv2.rectangle(draw,(140,20),(180,60),(255,0,0,255),-1)
# 在畫面上方放入藍色正方形
    color = (0,0,255,255)
# 設定預設顏色為紅色
    while True:
        ret, img = cap.read()
        img = cv2.resize(img, (w,h))                  # 縮小尺寸，加快處理效率
        img = cv2.flip(img, 1)
        if not ret:
            print("Cannot receive frame")
            break
        img2 = cv2.cvtColor(img, cv2.COLOR_BGR2RGB)
# 偵測手勢的影像轉換成 RGB 色彩
        img = cv2.cvtColor(img, cv2.COLOR_BGR2BGRA)
# 畫圖的影像轉換成 BGRA 色彩
        results = hands.process(img2)                          # 偵測手勢
        if results.multi_hand_landmarks:
            for hand_landmarks in results.multi_hand_landmarks:
                finger_points = []              # 記錄手指節點座標的串列
                for i in hand_landmarks.landmark:
                    # 將 21 個節點換算成座標，記錄到 finger_points
                    x = i.x*w
                    y = i.y*h
```

```
                    finger_points.append((x,y))
                if finger_points:
                    finger_angle = hand_angle(finger_points)
# 計算手指角度，回傳長度為 5 的串列
                    text = hand_pos(finger_angle)     # 取得手勢所回傳的內容
                    if text == '1':
                        fx = int(finger_points[8][0])
# 如果手勢為 1，記錄食指末端的座標
                        fy = int(finger_points[8][1])
                        if fy>=20 and fy<=60 and fx>=20 and fx<=60:
                            color = (0,0,255,255)
# 如果食指末端碰到紅色，顏色改成紅色
                        elif fy>=20 and fy<=60 and fx>=80 and fx<=120:
                            color = (0,255,0,255)
# 如果食指末端碰到綠色，顏色改成綠色
                        elif fy>=20 and fy<=60 and fx>=140 and fx<=180:
                            color = (255,0,0,255)
# 如果食指末端碰到藍色，顏色改成藍色
                        else:
                            dots.append([fx,fy])          # 記錄食指座標
                            dl = len(dots)
                            if dl>1:
                                dx1 = dots[dl-2][0]
                                dy1 = dots[dl-2][1]
                                dx2 = dots[dl-1][0]
                                dy2 = dots[dl-1][1]
                                cv2.line(draw,(dx1,dy1),(dx2,dy2),col
or,5)  # 在黑色畫布上畫圖
                    else:
                        dots = [] # 如果換成別的手勢，清空 dots

        # 將影像和黑色畫布合成
        for j in range(w):
            img[:,j,0] = img[:,j,0]*(1-draw[:,j,3]/255) +
draw[:,j,0]*(draw[:,j,3]/255)
            img[:,j,1] = img[:,j,1]*(1-draw[:,j,3]/255) +
draw[:,j,1]*(draw[:,j,3]/255)
            img[:,j,2] = img[:,j,2]*(1-draw[:,j,3]/255) +
draw[:,j,2]*(draw[:,j,3]/255)

        cv2.imshow('oxxostudio', img)
        keyboard = cv2.waitKey(5)
        if keyboard == ord('q'):
```

```
            break
        # 按下 r 重置畫面
        if keyboard == ord('r'):
            draw = np.zeros((h,w,4), dtype='uint8')
            cv2.rectangle(draw,(20,20),(60,60),(0,0,255,255),-1)
# 在畫面上方放入紅色正方形
            cv2.rectangle(draw,(80,20),(120,60),(0,255,0,255),-1)
# 在畫面上方放入綠色正方形
            cv2.rectangle(draw,(140,20),(180,60),(255,0,0,255),-1)
# 在畫面上方放入藍色正方形
cap.release()
cv2.destroyAllWindows()
```

✥ 範例程式碼：ch10/code15.py

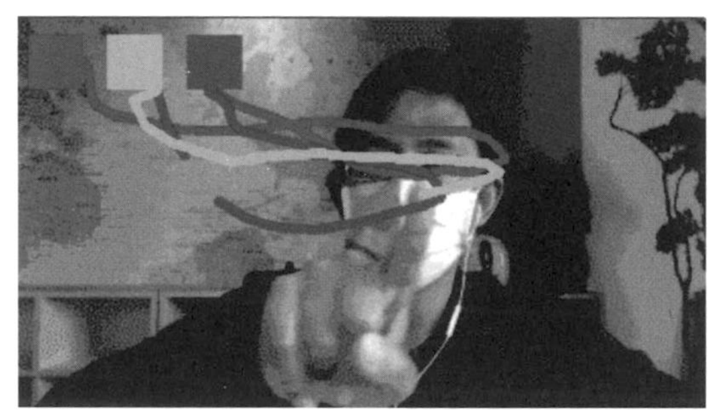

(掃描 QRCode 可以觀看效果)

10-12 辨識手指，做出手指擦除鏡子霧氣的效果

這個小節會延伸「10-9、手掌辨識」和「8-3、在影片中即時繪圖」文章，並應用「7-3、OpenCV 影像遮罩」功能，實作一個「用手指擦除鏡子霧氣」的趣味效果 (食指和中指分開時不會擦除，食指中指併攏就會擦除)。

使用遮罩，結合模糊與清楚的影像

參考「7-3、OpenCV 影像遮罩」文章，實作「清楚影像裡面，有一個模糊區域」的效果，過程的原理如下：

- 使用 NumPy 產生兩個遮罩，一個遮罩給「清楚的影像」，一個遮罩給「模糊的影像」。
- 清楚影像的遮罩，需要套用模糊的部分為黑色，其他為白色。
- 模糊影像的遮罩，需要套用模糊的部分為白色，其他為黑色。
- 將遮罩轉換為灰階後，使用 cv2.bitwise_and 方法套用遮罩。
- 遮罩套用完成，使用 cv2.add 方法合併影像。

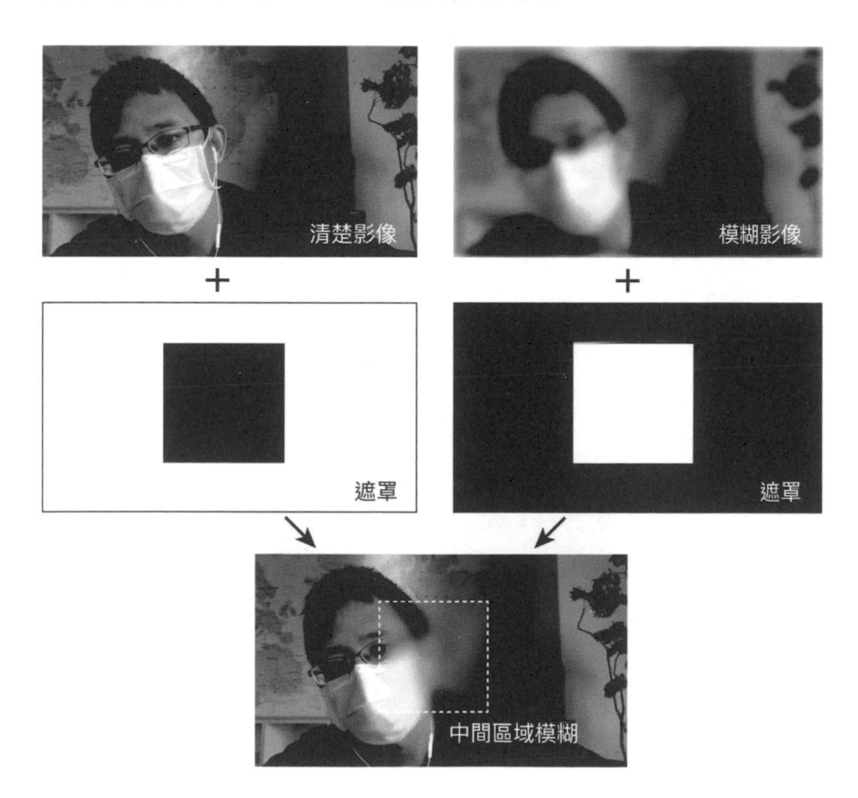

下方的程式碼執行後，會在攝影機的影像中，即時套用遮罩的效果。

```
import cv2
import numpy as np

w = 640     # 定義影片寬度
h = 360     # 定義影像高度
dots = []   # 記錄座標
```

```
mask_b = np.zeros((h,w,3), dtype='uint8')    # 產生黑色遮罩 -> 套用清楚影像
mask_b[:, :] = 255                           # 設定黑色遮罩底色為白色
mask_b[80:280, 220:420] = 0                  # 設定黑色遮罩哪個區域是黑色

mask_w = np.zeros((h,w,3), dtype='uint8')    # 產生白色遮罩 -> 套用模糊影像
mask_w[80:280, 220:420] = 255                # 設定白色遮罩哪個區域是白色

cap = cv2.VideoCapture(0)

if not cap.isOpened():
    print("Cannot open camera")
    exit()
while True:
    ret, img = cap.read()
    if not ret:
        print("Cannot receive frame")
        break

    img = cv2.resize(img,(w,h))                           # 縮小尺寸，加快速度
    img = cv2.flip(img, 1)                                # 翻轉影像
    img = cv2.cvtColor(img, cv2.COLOR_BGR2BGRA)
# 轉換顏色為 BGRA ( 計算時需要用到 Alpha 色版 )
    img2 = img.copy()                                     # 複製影像
    img2 = cv2.blur(img, (55, 55))                        # 套用模糊

    mask1 = cv2.cvtColor(mask_b, cv2.COLOR_BGR2GRAY) # 轉換遮罩為灰階
    img = cv2.bitwise_and(img, img, mask=mask1)      # 清楚影像套用黑遮罩

    mask2 = cv2.cvtColor(mask_w, cv2.COLOR_BGR2GRAY) # 轉換遮罩為灰階
    img2 = cv2.bitwise_and(img2, img2, mask=mask2)   # 模糊影像套用白遮罩

    output = cv2.add(img, img2)                           # 合併影像

    cv2.imshow('oxxostudio', output)
    if cv2.waitKey(50) == ord('q'):
        break

cap.release()
cv2.destroyAllWindows()
```

✤ 範例程式碼：ch10/code16.py

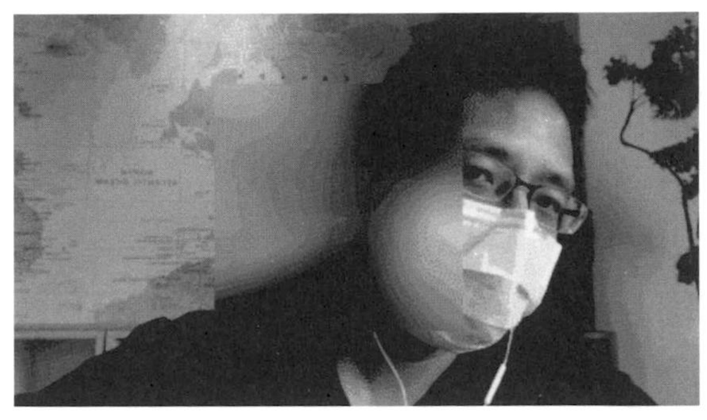

（掃描 QRCode 可以觀看效果）

偵測滑鼠事件，用滑鼠擦除模糊

了解模糊和清楚合併的原理後，參考「8-3、在影片中即時繪圖」文章，將滑鼠繪圖的程式加入到程式裡，執行後就可以在模糊的影像中，用滑鼠擦出清楚的影像。

```
import cv2
import numpy as np

w = 640    # 定義影片寬度
h = 360    # 定義影像高度
dots = []  # 記錄座標
mask_b = np.zeros((h,w,3), dtype='uint8')    # 產生黑色遮罩 -> 套用清楚影像
mask_w = np.zeros((h,w,3), dtype='uint8')    # 產生白色遮罩 -> 套用模糊影像
mask_w[0:h, 0:w] = 255                       # 白色遮罩背景為白色

# 滑鼠繪圖函式
def show_xy(event,x,y,flags,param):
    global dots, mask
    if flags == 1:
        if event == 1:
            dots.append([x,y])
        if event == 4:
            dots = []
        if event == 0 or event == 4:
            dots.append([x,y])
            x1 = dots[len(dots)-2][0]
            y1 = dots[len(dots)-2][1]
```

```
            x2 = dots[len(dots)-1][0]
            y2 = dots[len(dots)-1][1]
            cv2.line(mask_w, (x1,y1), (x2,y2), (0,0,0), 50)
# 在白色遮罩上畫出黑色線條
            cv2.line(mask_b, (x1,y1), (x2,y2), (255,255,255), 50)
# 在黑色遮罩上畫出白色線條

cv2.imshow('oxxostudio', mask)                      # 啟用視窗
cv2.setMouseCallback('oxxostudio', show_xy)         # 偵測滑鼠行為

cap = cv2.VideoCapture(0)

if not cap.isOpened():
    print("Cannot open camera")
    exit()
while True:
    ret, img = cap.read()
    if not ret:
        print("Cannot receive frame")
        break

    img = cv2.resize(img,(w,h))                             # 縮小尺寸，加快速度
    img = cv2.flip(img, 1)                                  # 翻轉影像
    img = cv2.cvtColor(img, cv2.COLOR_BGR2BGRA)
# 轉換顏色為 BGRA ( 計算時需要用到 Alpha 色版 )
    img2 = img.copy()                                       # 複製影像
    img2 = cv2.blur(img, (55, 55))                          # 套用模糊

    mask1 = cv2.cvtColor(mask_b, cv2.COLOR_BGR2GRAY) # 轉換遮罩為灰階
    img = cv2.bitwise_and(img, img, mask=mask1)      # 清楚影像套用黑遮罩
    mask2 = cv2.cvtColor(mask_w, cv2.COLOR_BGR2GRAY) # 轉換遮罩為灰階
    img2 = cv2.bitwise_and(img2, img2, mask=mask2)   # 模糊影像套用白遮罩

    output = cv2.add(img, img2)                             # 合併影像

    cv2.imshow('oxxostudio', output)
    if cv2.waitKey(50) == ord('q'):
        break

cap.release()
cv2.destroyAllWindows()
```

✤ 範例程式碼：ch10/code17.py

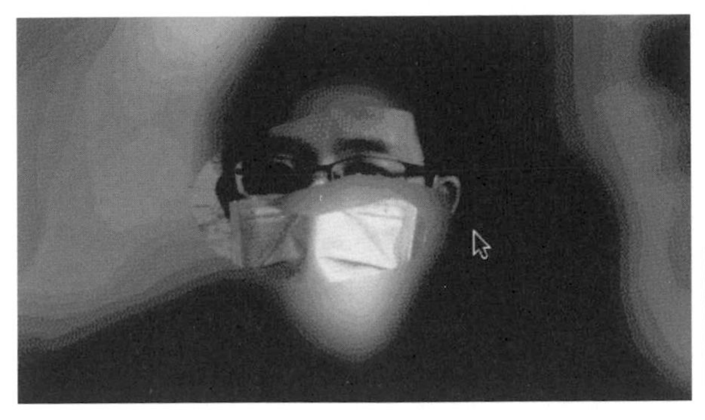

（掃描 QRCode 可以觀看效果）

偵測手指，用手指擦除模糊

參考「10-4、手掌偵測」文章，偵測手指的座標，就能透過手指擦除模糊的區域，為了區隔「什麼時候要擦」，可以計算「食指和中指的距離」，如果距離比較大就不擦（手勢 YA），距離比較小就擦（兩隻手指併攏）。

```
import cv2
import mediapipe as mp
import numpy as np
import math

mp_drawing = mp.solutions.drawing_utils
mp_drawing_styles = mp.solutions.drawing_styles
mp_hands = mp.solutions.hands

cap = cv2.VideoCapture(0)            # 讀取攝影機

# mediapipe 啟用偵測手掌
with mp_hands.Hands(
    model_complexity=0,
    min_detection_confidence=0.5,
    min_tracking_confidence=0.5) as hands:

    if not cap.isOpened():
        print("Cannot open camera")
        exit()

    w = 640     # 定義影片寬度
```

```
    h = 360     # 定義影像高度
    dots = []  # 記錄座標
    mask_b = np.zeros((h,w,3), dtype='uint8')
# 產生黑色遮罩 -> 套用清楚影像
    mask_w = np.zeros((h,w,3), dtype='uint8')
# 產生白色遮罩 -> 套用模糊影像
    mask_w[0:h, 0:w] = 255
# 白色遮罩背景為白色

    while True:
        ret, img = cap.read()
        img = cv2.resize(img, (w,h))
# 縮小尺寸，加快處理效率
        img = cv2.flip(img, 1)                               # 翻轉影像
        img_hand = cv2.cvtColor(img, cv2.COLOR_BGR2RGB) # 偵測手勢使用
        img = cv2.cvtColor(img, cv2.COLOR_BGR2BGRA)
# 轉換顏色為 BGRA ( 計算時需要用到 Alpha 色版 )
        img2 = img.copy()                                    # 複製影像
        img2 = cv2.blur(img, (55, 55))                       # 套用模糊

        if not ret:
            print("Cannot receive frame")
            break
        results = hands.process(img_hand)                    # 偵測手勢
        if results.multi_hand_landmarks:
            for hand_landmarks in results.multi_hand_landmarks:
                finger_points = []
# 記錄手指節點位置的串列
                for i in hand_landmarks.landmark:
                    x = i.x
                    y = i.y
                    finger_points.append((x,y))              # 記錄手指節點位置
                if finger_points:
                    fx1 = finger_points[8][0]
                    fy1 = finger_points[8][1]
                    fx2 = finger_points[12][0]
                    fy2 = finger_points[12][1]
                    d = ((fx1-fx2)*(fx1-fx2)+(fy1-fy2)*(fy1-fy2))**0.5
# 計算食指和中指分開的距離
                    if d<0.15:
                        dots.append([fx1,fy1])
                        dl = len(dots)
                        if dl>1:
```

```
                    x1 = int(dots[dl-2][0]*w)    # 計算出真正的座標
                    y1 = int(dots[dl-2][1]*h)
                    x2 = int(dots[dl-1][0]*w)
                    y2 = int(dots[dl-1][1]*h)
                   cv2.line(mask_w, (x1,y1), (x2,y2), (0,0,0), 50)
# 在白色遮罩上畫出黑色線條
                    cv2.line(mask_b, (x1,y1), (x2,y2),
(255,255,255), 50)
# 在黑色遮罩上畫出白色線條
              else:
                  dots = []

        mask1 = cv2.cvtColor(mask_b, cv2.COLOR_BGR2GRAY) # 轉換遮罩為灰階
        img = cv2.bitwise_and(img, img, mask=mask1)
# 清楚影像套用黑遮罩
        mask2 = cv2.cvtColor(mask_w, cv2.COLOR_BGR2GRAY)
# 轉換遮罩為灰階
        img2 = cv2.bitwise_and(img2, img2, mask=mask2)
# 模糊影像套用白遮罩

        output = cv2.add(img, img2)                         # 合併影像

        cv2.imshow('oxxostudio', output)
        keyboard = cv2.waitKey(5)
        if keyboard == ord('q'):
            break
cap.release()
cv2.destroyAllWindows()
```

✤ 範例程式碼：ch10/code18.py

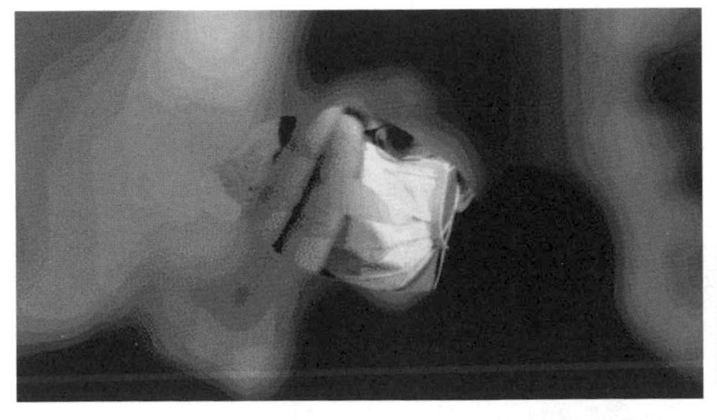

（掃描 QRCode 可以觀看效果）

10-13 Mediapipe 即時合成搞笑橘子臉

這個小節會使用「10-2、人臉偵測」搭配「7-4、邊緣羽化效果」文章，透過人臉辨識擷取出眼睛和嘴巴，再將眼睛與嘴巴合成到橘子圖片上，做出搞笑橘子臉的效果。

即時合成搞笑橘子臉

因為整體程式碼較多，因此將詳細說明寫在程式碼的註解內，程式碼的重點如下：

- 沿用「10-2、人臉偵測」文章的範例程式。
- 參考「7-4、邊緣羽化效果」文章，在指定位置建立遮罩 (指定位置需要和擷取出來的眼睛嘴巴對應)。
- 透過座標和人臉的大小，抓取出眼睛和嘴巴範圍內的影像。
- 將眼睛嘴巴組合成新圖像，套用邊緣羽化的遮罩，和橘子圖片背景合成 (圖片下載：https://steam.oxxostudio.tw/download/python/ai-orange-face.jpg)。

```
import cv2
import mediapipe as mp
import numpy as np

cap = cv2.VideoCapture(0)                                  # 讀取攝影鏡頭
mp_face_detection = mp.solutions.face_detection            # 使用人臉偵測方法

h, w = 360, 640                                            # 輸出時的影像長寬
mask = np.zeros((h, w, 3), dtype='uint8')                  # 建立遮罩
cv2.ellipse(mask, (260,100),(55,35),0,0,360,(255,255,255),-1)
# 繪製左眼的橢圓形遮罩
cv2.ellipse(mask, (380,100),(55,35),0,0,360,(255,255,255),-1)
# 繪製右眼的橢圓形遮罩
cv2.ellipse(mask, (320,212),(115,66),0,0,360,(255,255,255),-1)
# 繪製嘴巴的橢圓形遮罩
mask = cv2.GaussianBlur(mask,(35,35),0)                    # 將遮罩進行高斯模糊
```

```
mask = mask/255                                            # 轉換成比例

orange = cv2.imread('orange.jpg')                          # 讀取橘子圖片背景

# 人臉偵測模組啟用成功後，執行相關內容
with mp_face_detection.FaceDetection(
    model_selection=0, min_detection_confidence=0.5) as face_detection:

    if not cap.isOpened():
        print("Cannot open camera")
        exit()
    while True:
        ret, img = cap.read()                              # 讀取攝影機畫面
        if not ret:
            print("Cannot receive frame")
            break
        img = cv2.resize(img, (w, h))                      # 縮小尺寸加快速度
        img2 = cv2.cvtColor(img, cv2.COLOR_BGR2RGB)
# 轉換成 RGB 才能夠在 mediapipe 中使用
        results = face_detection.process(img2)             # 讀取人臉偵測資訊

        if results.detections:
            for detection in results.detections:
                s = detection.location_data.relative_bounding_box
# 取得人臉尺寸
                eye_w = int(s.width*w*0.24/2)
# 計算眼睛寬度 ( 除以 2 計算座標使用 )
                eye_h = int(s.width*w*0.16/2)
# 計算眼睛高度 ( 除以 2 計算座標使用 )
                mouth_w = int(s.width*w*0.5/2)
# 計算嘴巴寬度 ( 除以 2 計算座標使用 )
                mouth_h = int(s.width*w*0.3/2)
# 計算嘴巴高度 ( 除以 2 計算座標使用 )

                eye_r = detection.location_data.relative_keypoints[0]
# 左眼中心點座標
                eye_l = detection.location_data.relative_keypoints[1]
# 右眼中心點座標
                mouth = detection.location_data.relative_keypoints[3]
# 嘴巴中心點座標

                rcx, rcy = int(eye_r.x*w), int(eye_r.y*h)
# 計算左眼真正的座標
```

```
                lcx, lcy = int(eye_l.x*w), int(eye_l.y*h)
# 計算右眼真正的座標
                mx, my = int(mouth.x*w), int(mouth.y*h)
# 計算嘴巴真正的座標

                eye_r_img = img[rcy-eye_h:rcy+eye_h, rcx-eye_w:rcx+eye_w]
# 取出右眼的區域
                eye_r_img = cv2.resize(eye_r_img, (120,80))
# 改變尺寸為 180x120
                eye_l_img = img[lcy-eye_h:lcy+eye_h, lcx-eye_w:lcx+eye_w]
# 取出左眼的區域
                eye_l_img = cv2.resize(eye_l_img, (120,80))
# 改變尺寸為 180x120
                mouth_img = img[my-mouth_h:my+mouth_h, mx-mouth_
w:mx+mouth_w]
# 取出嘴巴的區域
                mouth_img = cv2.resize(mouth_img, (240,144))
# 改變尺寸為 360x216

                face = np.zeros((h, w, 3), dtype='uint8')
# 建立空白全黑畫布
                bg = orange.copy()
# 複製 orange 圖片當作背景
                face[60:140, 200:320] =  eye_l_img          # 貼上左眼
                face[60:140, 320:440] =  eye_r_img          # 貼上右眼
                face[140:284, 200:440] =  mouth_img         # 貼上嘴巴
                face = face + 30                            # 增加亮度
                face = face/255                             # 轉換成比例
                bg = bg/255                                 # 轉換成比例
                out  = bg * (1 - mask) + face * mask        # 根據比例混合
                out = (out * 255).astype('uint8')           # 轉換成數字

        cv2.imshow('oxxostudio', out)
        if cv2.waitKey(5) == ord('q'):
            break     # 按下 q 鍵停止
cap.release()
cv2.destroyAllWindows()
```

✜ 範例程式碼：ch10/code19.py

（掃描 QRCode 可以觀看效果）

小結

透過這個章節的介紹，可以了解到 Mediapipe 套件在影像辨識方面的優秀表現，也能夠學習到如何使用這些功能進行影像辨識。而影像辨識技術在現今的應用非常廣泛，包括人臉識別、手勢辨識、動作分析、遊戲互動等等，隨著人工智慧技術的發展，相信這些應用還會有更廣泛的發展。因此，如果有興趣學習這方面技術的讀者，建議可以更深入研究這些影像辨識技術的運用，進一步開發更多有趣的應用。

第 11 章

Teachable Machine 影像辨識

11-1、Jupyter 安裝 Tensorflow

11-2、使用 Teachable Machine

11-3、辨識剪刀、石頭、布

11-4、辨識是否戴口罩

前言

在這個章節中，將會介紹幾個基於 Python 與 TensorFlow 所開發的 AI 應用，包括製作影像辨識模型、使用深度學習實現猜拳遊戲、以及使用 OpenCV 實現人臉口罩檢測 ... 等有趣應用。

> ✤ 本章節的範例程式碼：
> https://github.com/oxxostudio/book-code/tree/master/opencv/ch11

11-1 Jupyter 安裝 Tensorflow

這個小節會介紹如何在 Anaconda Jupyter 中建立 tensorflow 的虛擬環境，並在虛擬環境中安裝 Tensorflow 2.5，讓 Jupyter 能夠順利運作 Techable Mechine 所訓練出的模型檔案。

Tensorflow 是什麼？

TensorFlow 是一個強大的機器學習框架，可以支援深度學習的各種演算法，是目前最受歡迎的機器學習開源專案，不少大型電商所使用的客服系統，也都是基於 TensorFlow 開發。

TensorFlow 提供 Python、C++、Haskell、Java、Go 和 Rust 的 API，而 TensorFlow.js 是 JavaScript 程式庫，可用於在瀏覽器和 Node.js 中訓練和部署模型，TensorFlow Lite 是一個小型程式庫，可簡單的應用在移動設備、微控制器和其他邊緣設備上部署模型。

TensorFlow

建立虛擬環境

Jupyter 本身是一個 Python 的編輯環境，如果直接安裝 tensorflow，會導致運作時互相衝突，因此需要先安裝 tensorflow 的虛擬環境，在上面安裝 tensorflow 後就能正常運行，首先建立一個資料夾 (範例建立一個名為 tf2 的資料夾)。

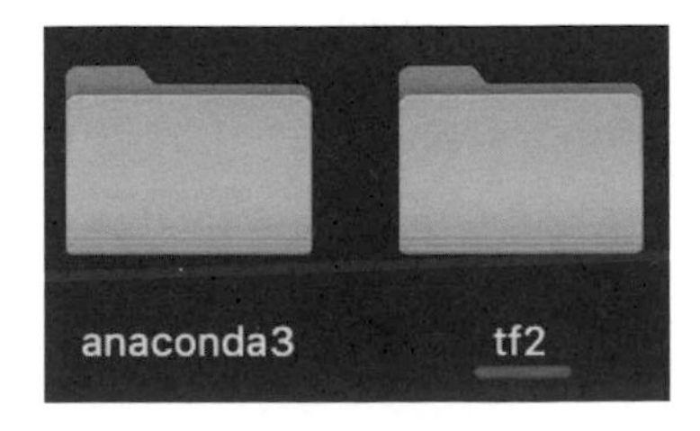

如果是 Windows 輸入 cmd 開啟「命令提示字元視窗」(Windows 輸入 cmd)，Mac 開啟終端機，輸入命令前往該資料夾 (通常命令是 cd 資料夾路徑)。

```
(base) ➜  ~ cd Documents/anaconda/tf2
(base) ➜  tf2
```

進入資料夾的路徑後，輸入下列命令建立 tensorflow 虛擬環境，注意，tensorflow 2.5 適用的版本為 Python 3.9 (下方的 tensorflow 為虛擬環境的名稱，後方 python=3.9 是要使用 python 3.9 版本)。

```
conda create --name tensorflow python=3.9
```

建立環境會需要下載一些對應的套件，按下 y 就可以開始下載安裝。

```
The following NEW packages will be INSTALLED:

  ca-certificates    pkgs/main/osx-64::ca-certificates-2022.3.29-hecd8cb5_0
  certifi            pkgs/main/osx-64::certifi-2021.10.8-py39hecd8cb5_2
  libcxx             pkgs/main/osx-64::libcxx-12.0.0-h2f01273_0
  libffi             pkgs/main/osx-64::libffi-3.3-hb1e8313_2
  ncurses            pkgs/main/osx-64::ncurses-6.3-hca72f7f_2
  openssl            pkgs/main/osx-64::openssl-1.1.1n-hca72f7f_0
  pip                pkgs/main/osx-64::pip-21.2.4-py39hecd8cb5_0
  python             pkgs/main/osx-64::python-3.9.12-hdfd78df_0
  readline           pkgs/main/osx-64::readline-8.1.2-hca72f7f_1
  setuptools         pkgs/main/osx-64::setuptools-61.2.0-py39hecd8cb5_0
  sqlite             pkgs/main/osx-64::sqlite-3.38.2-h707629a_0
  tk                 pkgs/main/osx-64::tk-8.6.11-h7bc2e8c_0
  tzdata             pkgs/main/noarch::tzdata-2022a-hda174b7_0
  wheel              pkgs/main/noarch::wheel-0.37.1-pyhd3eb1b0_0
  xz                 pkgs/main/osx-64::xz-5.2.5-h1de35cc_0
  zlib               pkgs/main/osx-64::zlib-1.2.12-h4dc903c_1


Proceed ([y]/n)?
```

出現下面的畫面表示安裝完成。

```
Downloading and Extracting Packages
tzdata-2022a         | 109 KB    | ##################################### | 100%
readline-8.1.2       | 321 KB    | ##################################### | 100%
openssl-1.1.1n       | 2.2 MB    | ##################################### | 100%
zlib-1.2.12          | 97 KB     | ##################################### | 100%
python-3.9.12        | 10.2 MB   | ##################################### | 100%
setuptools-61.2.0    | 1012 KB   | ##################################### | 100%
certifi-2021.10.8    | 152 KB    | ##################################### | 100%
sqlite-3.38.2        | 1.2 MB    | ##################################### | 100%
Preparing transaction: done
Verifying transaction: done
Executing transaction: done
#
# To activate this environment, use
#
#     $ conda activate tensorflow
#
# To deactivate an active environment, use
#
#     $ conda deactivate

(base) ➜  tf2
```

最後輸入下列命令，就能開啟並進入 tensorflow 虛擬環境，這時在命令列前方會出現 tensorflow 的提示 (輸入指令 conda deactivate 可以關閉當前虛擬環境)。

```
conda activate tensorflow
```

```
(base) ➜  tf2 conda activate tensorflow
(tensorflow) ➜  tf2
```

在虛擬環境中安裝 Jupyter

進入 tensorflow 虛擬環境後，輸入下列指令，在虛擬環境中安裝 Jupyter。

```
conda install jupyter notebook
```

```
(tensorflow) ➜  tf2 conda install jupyter notebook
Collecting package metadata (current_repodata.json): done
Solving environment: done

## Package Plan ##

  environment location: /Users/oxxo/Documents/anaconda/anaconda3/envs/tensorflow

  added / updated specs:
    - jupyter
    - notebook
```

經過自動安裝一系列套件的過程後，出現 done 表示成功安裝。

```
parso-0.8.3          | 70 KB   | ##################################### | 100%
pyzmq-22.3.0         | 429 KB  | ##################################### | 100%
entrypoints-0.4      | 16 KB   | ##################################### | 100%
executing-0.8.3      | 18 KB   | ##################################### | 100%
attrs-21.4.0         | 51 KB   | ##################################### | 100%
prometheus_client-0. | 47 KB   | ##################################### | 100%
jupyter_client-7.1.2 | 93 KB   | ##################################### | 100%
nbformat-5.3.0       | 128 KB  | ##################################### | 100%
python-fastjsonschem | 29 KB   | ##################################### | 100%
Preparing transaction: done
Verifying transaction: done
Executing transaction: done
(tensorflow) ➜  tf2
```

安裝 tensorflow

輸入下列指令，安裝 tensorflow 2.5 版。

- Python 3.9 需搭配 tensorflow 2.5 才能正常運作（Teachable Mechine 使用最新版本 tensorflow）。
- 因為 conda 上的 tensorflow 版本沒有 2.5，所以使用 pip 安裝。

```
pip install tensorflow==2.5
```

```
(tensorflow) ➜  tf2 pip install tensorflow==2.5
Collecting tensorflow==2.5
  Downloading tensorflow-2.5.0-cp39-cp39-macosx_10_11_x86_64.whl (195.7 MB)
     |████████████████████████████████| 195.7 MB 27 kB/s
Collecting astunparse~=1.6.3
  Using cached astunparse-1.6.3-py2.py3-none-any.whl (12 kB)
Collecting h5py~=3.1.0
  Downloading h5py-3.1.0-cp39-cp39-macosx_10_9_x86_64.whl (2.9 MB)
     |████████████████████████████████| 2.9 MB 1.8 MB/s
Collecting gast==0.4.0
  Downloading gast-0.4.0-py3-none-any.whl (9.8 kB)
Collecting opt-einsum~=3.3.0
  Using cached opt_einsum-3.3.0-py3-none-any.whl (65 kB)
Collecting google-pasta~=0.2
  Using cached google_pasta-0.2.0-py3-none-any.whl (57 kB)
Collecting tensorflow-estimator<2.6.0,>=2.5.0rc0
  Downloading tensorflow_estimator-2.5.0-py2.py3-none-any.whl (462 kB)
     |████████████████████████████████| 462 kB 2.3 MB/s
```

經過自動安裝一系列套件的過程後，出現 successfully 表示成功安裝。

```
  Attempting uninstall: six
    Found existing installation: six 1.16.0
    Uninstalling six-1.16.0:
      Successfully uninstalled six-1.16.0
  Attempting uninstall: typing-extensions
    Found existing installation: typing-extensions 4.1.1
    Uninstalling typing-extensions-4.1.1:
      Successfully uninstalled typing-extensions-4.1.1
Successfully installed absl-py-0.15.0 astunparse-1.6.3 cachetools-5.0.0 charset-
normalizer-2.0.12 flatbuffers-1.12 gast-0.4.0 google-auth-2.6.5 google-auth-oaut
hlib-0.4.6 google-pasta-0.2.0 grpcio-1.34.1 h5py-3.1.0 idna-3.3 importlib-metada
ta-4.11.3 keras-nightly-2.5.0.dev2021032900 keras-preprocessing-1.1.2 markdown-3
.3.6 numpy-1.19.5 oauthlib-3.2.0 opt-einsum-3.3.0 protobuf-3.20.0 pyasn1-0.4.8 p
yasn1-modules-0.2.8 requests-2.27.1 requests-oauthlib-1.3.1 rsa-4.8 six-1.15.0 t
ensorboard-2.8.0 tensorboard-data-server-0.6.1 tensorboard-plugin-wit-1.8.1 tens
orflow-2.5.0 tensorflow-estimator-2.5.0 termcolor-1.1.0 typing-extensions-3.7.4.
3 urllib3-1.26.9 werkzeug-2.1.1 wrapt-1.12.1 zipp-3.8.0
(tensorflow) ➜  tf2
```

安裝 OpenCV

輸入下列指令，在虛擬環境中安裝 OpenCV (之後測試與範例常常會使用 OpenCV)。

```
pip install opencv-python
```

```
(tensorflow) ➜  tf2 pip install opencv-python
Collecting opencv-python
  Using cached opencv_python-4.5.5.64-cp39-cp39-macosx_10_14_x86
_64.whl
Requirement already satisfied: numpy>=1.19.3 in /Users/oxxo/Docu
ments/anaconda/anaconda3/envs/tensorflow/lib/python3.9/site-pack
ages (from opencv-python) (1.19.5)
Installing collected packages: opencv-python
Successfully installed opencv-python-4.5.5.64
(tensorflow) ➜  tf2
```

啟動 Jupyter 開發環境

開啟 Anaconda，選擇切換到 tensorflow 的環境 (就是剛剛建立的 tensorflow 虛擬環境)。

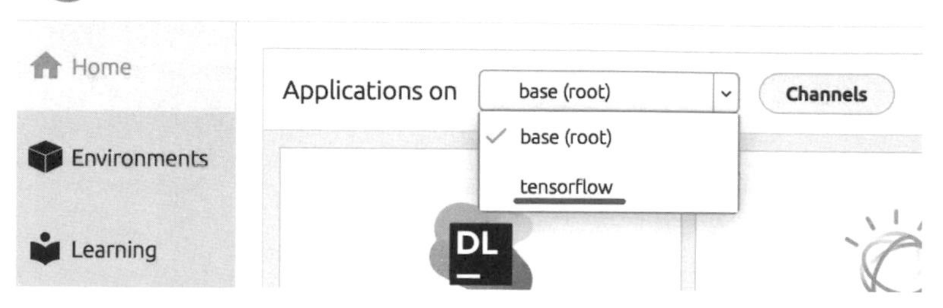

切換環境後，開啟 tensorflow 環境下的 Jupyter，啟動能開發 tensflow 的環境。

開啟 Jupyter 後，輸入並執行下列的程式碼，如果沒有出現錯誤，表示已經正確安裝完成。

```
import tensorflow as tf
import cv2
print(tf)
print(cv2)
```

```
import tensorflow as tf
import cv2
print(tf)
print(cv2)
```

```
<module 'tensorflow' from '/Users/oxxo/Documents/anaconda/anaconda3/envs/
tensorflow/lib/python3.9/site-packages/tensorflow/__init__.py'>
<module 'cv2' from '/Users/oxxo/Documents/anaconda/anaconda3/envs/tensorf
low/lib/python3.9/site-packages/cv2/__init__.py'>
```

11-2 使用 Teachable Machine

Teachable Machine 是 Google 所推出的無程式碼機器學習平台，只需要簡單的步驟，就能夠在瀏覽器上訓練模型，透過訓練的模型辨識圖片、聲音或是姿勢，這個小節將會介紹如何使用 Teachable Machine。

什麼是 Teachable Machine ？

Teachable Machine 是 Google 所推出的無程式碼機器學習平台，更簡單來說，Teachable Machine 是一個網頁工具，只需要打開瀏覽器，就能在不需要專業知識和撰寫程式碼的情況下，輕鬆的為網站和應用程式訓練機器學習模型。

✤ 前往 Teachable Machine：https://teachablemachine.withgoogle.com/

Teachable
Machine

Train a computer to recognize your own images, sounds, & poses.

A fast, easy way to create machine learning models for your sites, apps, and more – no expertise or coding required.

Teachable Machine 目前提供了「圖片、聲音和姿勢」共三種訓練模型，只要經過「蒐集和訓練」的步驟，就能夠建立自己的模型，由於 Teachable Machine 背後應用了開源的機器學習函式庫 Tensorflow.js，因此可以將訓練好的模型以 Tensorflow.js、Keras、或 Tensorflow Lite 格式輸出，在任何的網頁或是應用程式中呼叫使用 (注意，Python 只能使用圖片專案所訓練的模型)。

Image Project

Teach based on images, from files or your webcam.

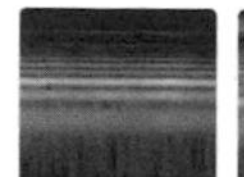
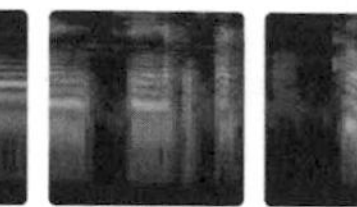

Audio Project

Teach based on one-second-long sounds, from files or your microphone.

Pose Project

Teach based on images, from files or your webcam.

建立分類並訓練模型

開啟 Teachable Machine 網站後，點擊「開始使用」開始訓練模型的新專案 (最下方可以切換語系為繁體中文)。

Teachable Machine

訓練電腦辨識你的圖片、音訊和姿勢。

輕鬆快速地建立機器學習模型，以便用於網站、應用程式和其他地方，不需要編寫程式或具備專業知識。

開始使用

點擊 「圖片專案」，選擇「標準圖片模型」，就可以進入圖片模型訓練流程。

訓練流程主要有三個步驟，「添加分類內容」、「訓練模型」和「預覽訓練結果」。

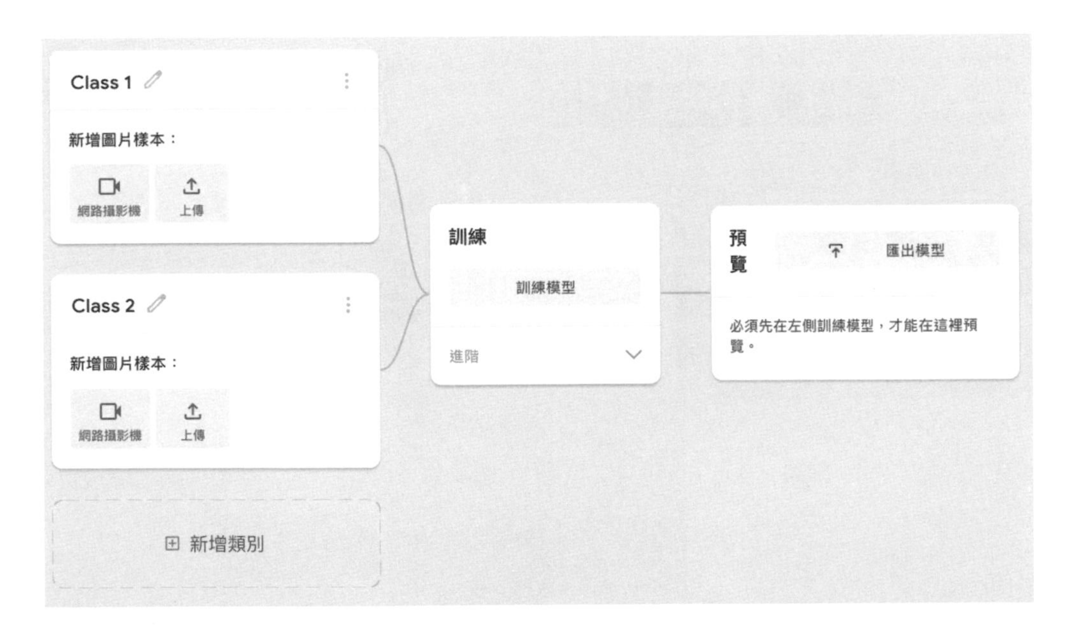

添加分類內容

每個分類的內容可以透過攝影鏡頭 Webcam 或上傳 Upload 的方式增加圖片，最少需要有兩個分類，點擊下方 Add a class 的按鈕可以增加分類，下圖範例的分類使用 oxxo (畫面中有人) 以及維他命 (畫面中有維他命的罐子) 兩種。

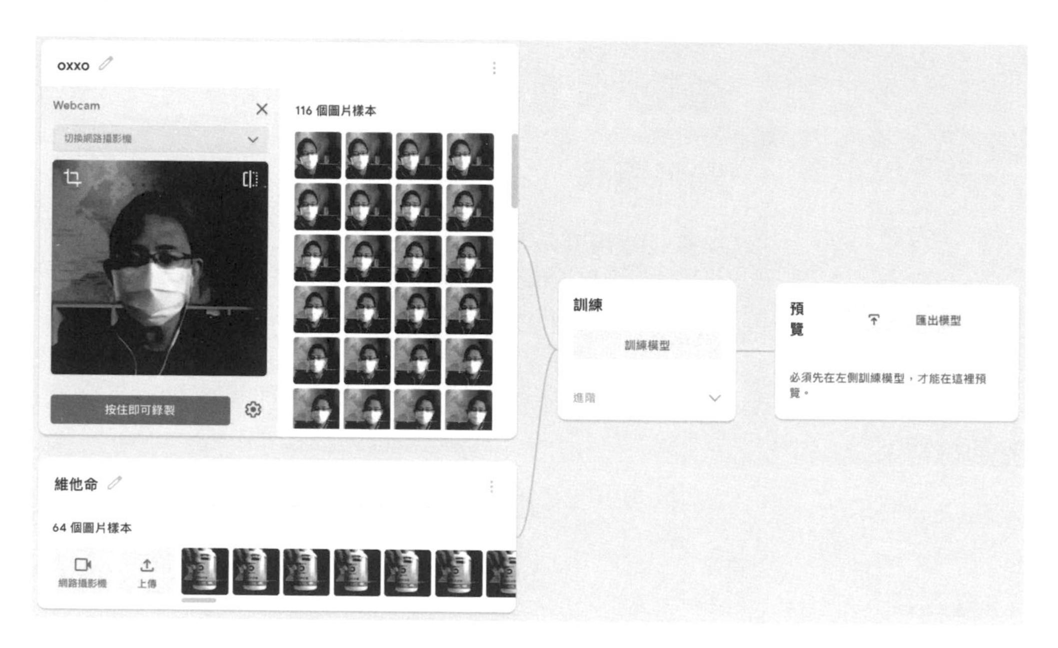

訓練模型

分類建立完成後，點擊「訓練模型」，就會開始進行圖片模型的訓練，出現「模型已訓練完成」的文字表示訓練完成。

預覽訓練結果

訓練完成後，就能從預覽模型的視窗裡，測試自己訓練的模型準確度。

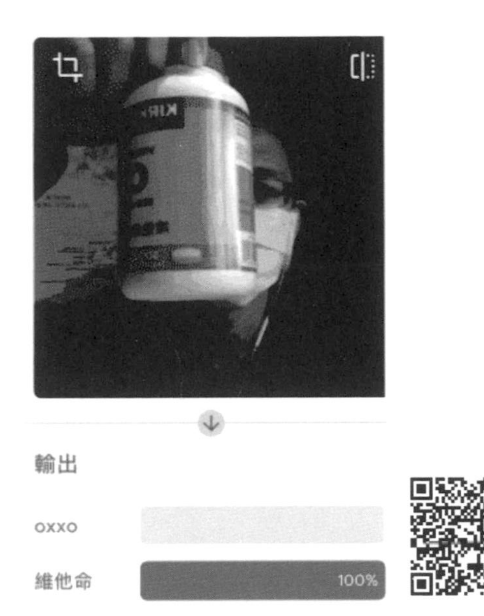

（掃描 QRCode 可以觀看效果）

在 Python 中使用模型

點擊右上方的「匯出模型」，選擇 Tensorflow，勾選 Keras，就能下載 Keras.h5 模型供 Python 使用。

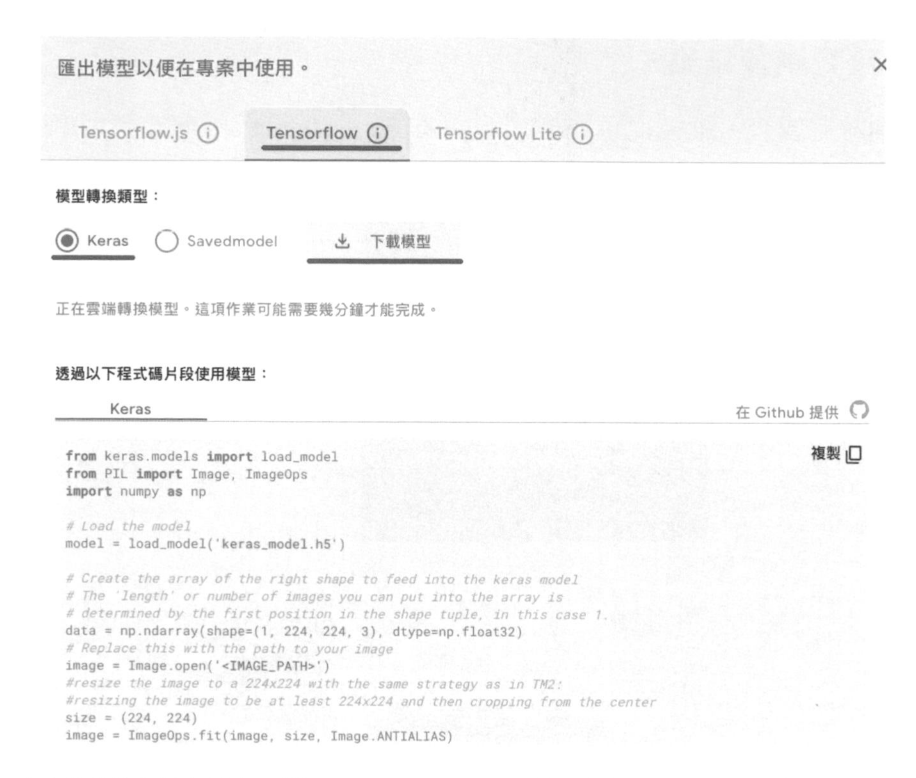

下載模型並壓縮，將 keras_model.h5 放到和 Python 程式同樣的路徑下，就可以開始編輯 Python 程式。

在 Anaconda Jupyter 安裝好 Tensorflow 和 OpenCV 後，執行下方的程式碼，就可以看到透過 OpenCV 播放攝影鏡頭的影片，並判斷現在出現的影像是什麼分類。

```
import tensorflow as tf
import cv2
import numpy as np

model = tf.keras.models.load_model('keras_model.h5', compile=False)
# 載入 model
data = np.ndarray(shape=(1, 224, 224, 3), dtype=np.float32)
# 設定資料陣列

cap = cv2.VideoCapture(0)           # 設定攝影機鏡頭
if not cap.isOpened():
    print("Cannot open camera")
    exit()
while True:
    ret, frame = cap.read()         # 讀取攝影機影像
    if not ret:
        print("Cannot receive frame")
        break
    img = cv2.resize(frame , (398, 224))    # 改變尺寸
    img = img[0:224, 80:304]                # 裁切為正方形，符合 model 大小
    image_array = np.asarray(img)       # 去除換行符號和結尾空白，產生文字陣列
    normalized_image_array = (image_array.astype(np.float32) / 127.0) - 1
# 轉換成預測陣列
    data[0] = normalized_image_array
    prediction = model.predict(data)        # 預測結果
    a,b= prediction[0]                      # 取得預測結果
    if a>0.9:
        print('oxxo')
    if b>0.9:
        print('維他命')
    cv2.imshow('oxxostudio', img)
    if cv2.waitKey(500) == ord('q'):
        break     # 按下 q 鍵停止
cap.release()
cv2.destroyAllWindows()
```

✤ 範例程式碼：ch11/code01.py

oxxo
維他命
維他命
oxxo
oxxo
oxxo
oxxo
oxxo
oxxo
oxxo
oxxo
oxxo
oxxo
oxxo
維他命
維他命

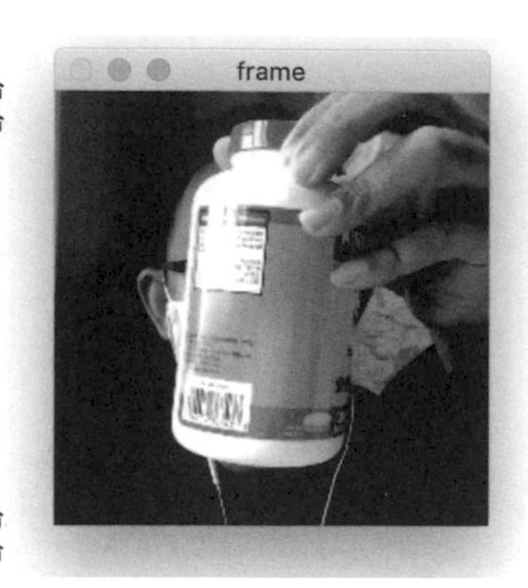

11-3 辨識剪刀、石頭、布

這個小節會使用 Teachable Machine 訓練「剪刀、石頭、布」的影像模型，再透過 OpenCV 搭配 tensorflow 讀取攝影鏡頭影像進行辨識。

Teachable Machine 建立分類，訓練模型

開啟 Teachable Machine 網站後，點擊「開始使用」建立新專案 (最下方可以切換語系為繁體中文)，選擇 「圖片專案 > 標準圖片模型」，進入圖片模型訓練流程。

圖片專案

以圖片 (使用現有檔案或透過網路攝影機拍攝圖片) 訓練模型。

參考「使用 Teachable Machine」文章，訓練「剪刀」、「石頭」和「布」以及「背景」共四個分類，範例使用 a 作為剪刀分類的名稱，b 作為石頭分類名稱，c 作為布分類名稱，bg 作為背景分類名稱 (建議左手和右手都要訓練)。

> 為什麼要訓練「背景」呢？因為如果沒有背景分類，會在沒有出拳的時候自動判斷最接近的分類，導致判斷出錯，所以建議一定要訓練一個背景的分類 (背景的分類除了單純的背景，也可以加入許多雜亂的圖片，增加背景的準確度)。

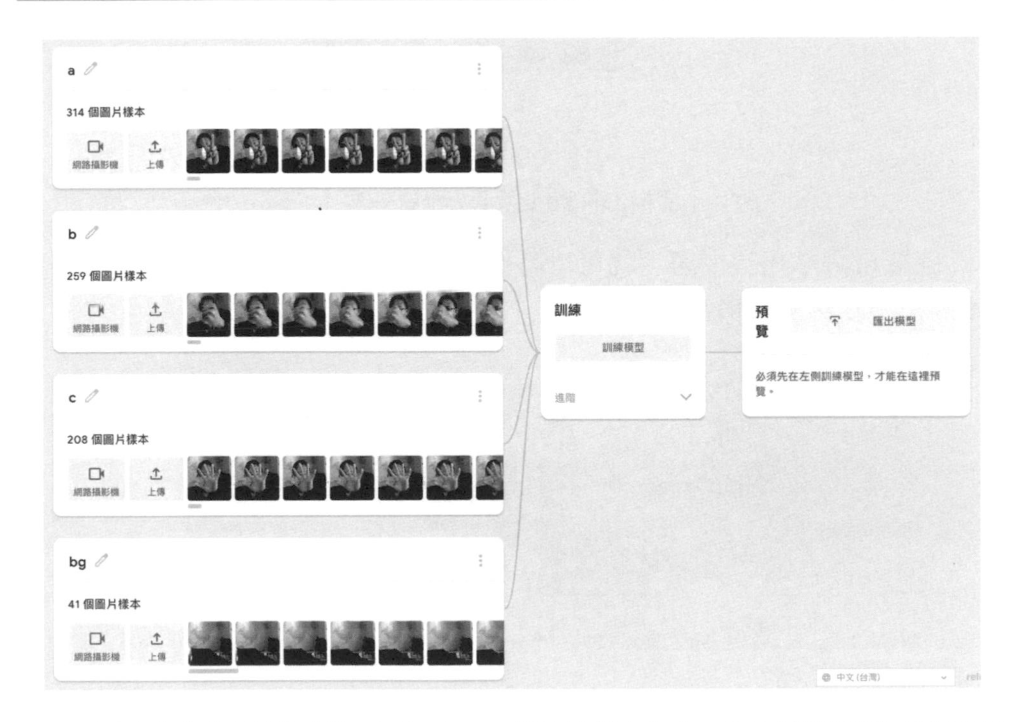

分類建立後點擊「訓練模型」，等待訓練完成，可以從預覽區域測試模型。

（掃描 QRCode 可以觀看效果）

確認辨識結果沒問題，就可以將模型匯出為 Keras 類型，解壓縮後將 .h5 的模型檔案放到指定的資料夾裡。

搭配 OpenCV 進行辨識，並加入文字

下方的程式碼使用 OpenCV 讀取攝影鏡頭的影像，即時判斷現在出現的影像是什麼分類，並透過 putText() 方法，在影像中加入分類的名稱。

> 參考：「3-3、讀取並播放影片」、「5-5、影像加入文字」。

```
import tensorflow as tf
import cv2
import numpy as np

model = tf.keras.models.load_model('keras_model.h5', compile=False)
# 載入模型
data = np.ndarray(shape=(1, 224, 224, 3), dtype=np.float32)
# 設定資料陣列

def text(text):          # 建立顯示文字的函式
    global img           # 設定 img 為全域變數
    org = (0,50)         # 文字位置
    fontFace = cv2.FONT_HERSHEY_SIMPLEX  # 文字字型
    fontScale = 2.5                      # 文字尺寸
    color = (255,255,255)                # 顏色
    thickness = 5                        # 文字外框線條粗細
    lineType = cv2.LINE_AA               # 外框線條樣式
    cv2.putText(img, text, org, fontFace, fontScale, color, thickness,
lineType) # 放入文字

cap = cv2.VideoCapture(0)
if not cap.isOpened():
    print("Cannot open camera")
    exit()
while True:
    ret, frame = cap.read()
    if not ret:
        print("Cannot receive frame")
        break
    img = cv2.resize(frame , (398, 224))
    img = img[0:224, 80:304]
    image_array = np.asarray(img)
    normalized_image_array = (image_array.astype(np.float32) / 127.0) - 1
    data[0] = normalized_image_array
```

```
    prediction = model.predict(data)
    a,b,c,bg= prediction[0]
    if a>0.9:
        text('a')  # 使用 text() 函式，顯示文字
    if b>0.9:
        text('b')
    if c>0.9:
        text('c')
    cv2.imshow('oxxostudio', img)
    if cv2.waitKey(1) == ord('q'):
        break     # 按下 q 鍵停止
cap.release()
cv2.destroyAllWindows()
```

✤ 範例程式碼：ch11/code02.py

(掃描 QRCode 可以觀看效果)

如果要加入中文，必須要使用 pillow 函式庫，開啟命令提示字元或終端機，啟動 tensorflow 虛擬環境安裝 pillow 函式庫，再使用下方的程式碼，就能夠加入中文的文字。

```
import tensorflow as tf
import cv2
import numpy as np
from PIL import ImageFont, ImageDraw, Image  # 載入 PIL 相關函式庫

fontpath = 'NotoSansTC-Regular.otf'          # 設定字型路徑

model = tf.keras.models.load_model('keras_model.h5', compile=False)
```

```
# 載入模型
data = np.ndarray(shape=(1, 224, 224, 3), dtype=np.float32)
# 設定資料陣列

def text(text):    # 建立顯示文字的函式
    global img     # 設定 img 為全域變數
    font = ImageFont.truetype(fontpath, 50)  # 設定字型與文字大小
    imgPil = Image.fromarray(img)            # 將 img 轉換成 PIL 影像
    draw = ImageDraw.Draw(imgPil)            # 準備開始畫畫
    draw.text((0, 0), text, fill=(255, 255, 255), font=font)  # 寫入文字
    img = np.array(imgPil)                 # 將 PIL 影像轉換成 numpy 陣列

cap = cv2.VideoCapture(0)
if not cap.isOpened():
    print("Cannot open camera")
    exit()
while True:
    ret, frame = cap.read()
    if not ret:
        print("Cannot receive frame")
        break
    img = cv2.resize(frame , (398, 224))
    img = img[0:224, 80:304]
    image_array = np.asarray(img)
    normalized_image_array = (image_array.astype(np.float32) / 127.0) - 1
    data[0] = normalized_image_array
    prediction = model.predict(data)
    a,b,c,bg= prediction[0]
    if a>0.9:
        text('剪刀')   # 使用 text() 函式，顯示文字
    if b>0.9:
        text('石頭')
    if c>0.9:
        text('布')
    cv2.imshow('oxxostudio', img)
    if cv2.waitKey(1) == ord('q'):
        break      # 按下 q 鍵停止
cap.release()
cv2.destroyAllWindows()
```

✣ 範例程式碼：ch11/code03.py

(掃描 QRCode 可以觀看效果)

11-4 辨識是否戴口罩

這個小節會使用 Teachable Machine 訓練「戴口罩」以及「沒戴口罩」的影像模型，再透過 OpenCV 搭配 tensorflow 讀取攝影鏡頭影像進行「是否有戴口罩」的影像辨識。

Teachable Machine 訓練戴口罩的模型

開啟 Teachable Machine 網站後，點擊「開始使用」建立新專案 (最下方可以切換語系為繁體中文)，選擇 「圖片專案 > 標準圖片模型」，進入圖片模型訓練流程。

準備 40 ～ 50 張人物戴戴口罩的圖片，圖片要求人物臉部清楚，背景從全白到複雜 (可以使用 Google 圖片搜尋一些名人戴口罩的照片)。

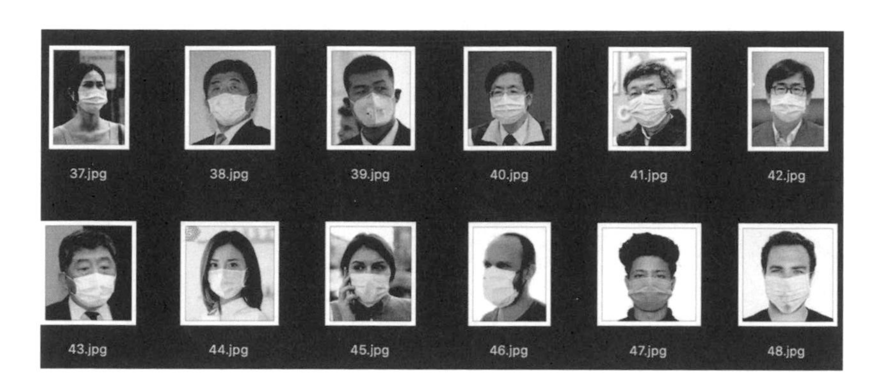

再準備 40 ～ 50 張人物沒有戴口罩的圖片，圖片要求人物臉部清楚，背景從全白到複雜 (可以使用 Google 圖片搜尋一些名人沒有戴口罩的照片)。

參考「11-2、使用 Teachable Machine」文章，使用「上傳圖片」的方式，建立「戴口罩」、「沒戴口罩」和「背景」共三個分類。

為什麼要訓練「背景」呢？**因為如果沒有背景分類，會在沒有出拳的時候自動判斷最接近的分類，導致判斷出錯，所以建議一定要訓練一個背景的分類**（背景的分類除了單純的背景，也可以加入許多雜亂的圖片，增加背景的準確度）。

分類建立後點擊「訓練模型」，等待訓練完成，可以從預覽區域測試模型。

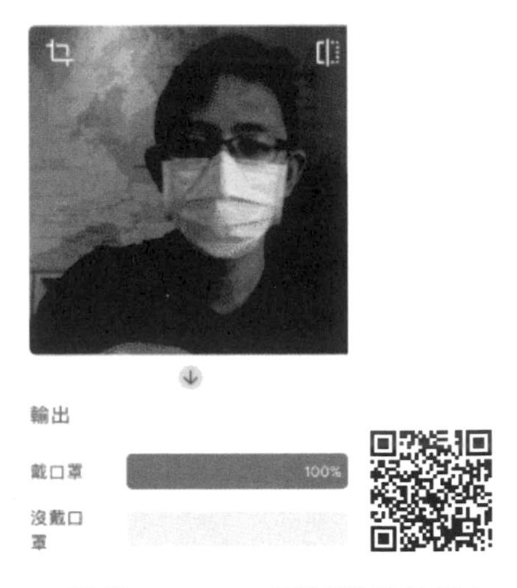

（掃描 QRCode 可以觀看效果）

確認辨識結果沒問題，就可以將模型匯出為 Keras 類型，解壓縮後將 .h5 的模型檔案放到指定的資料夾裡。

搭配 OpenCV 進行辨識，並加入文字

下方的程式碼使用 OpenCV 讀取攝影鏡頭的影像，即時判斷現在出現的影像是什麼分類，並透過 putText() 方法，在影像中加入分類的名稱。

```
import tensorflow as tf
import cv2
import numpy as np

model = tf.keras.models.load_model('keras_model.h5', compile=False)
# 載入模型
data = np.ndarray(shape=(1, 224, 224, 3), dtype=np.float32)
# 設定資料陣列

def text(text):        # 建立顯示文字的函式
    global img         # 設定 img 為全域變數
    org = (0,50)       # 文字位置
    fontFace = cv2.FONT_HERSHEY_SIMPLEX  # 文字字型
    fontScale = 1                        # 文字尺寸
    color = (255,255,255)                # 顏色
    thickness = 2                        # 文字外框線條粗細
    lineType = cv2.LINE_AA               # 外框線條樣式
    cv2.putText(img, text, org, fontFace, fontScale, color, thickness,
lineType)
```

```
# 放入文字

cap = cv2.VideoCapture(0)
if not cap.isOpened():
    print("Cannot open camera")
    exit()
while True:
    ret, frame = cap.read()
    if not ret:
        print("Cannot receive frame")
        break
    img = cv2.resize(frame , (398, 224))
    img = img[0:224, 80:304]
    image_array = np.asarray(img)
    normalized_image_array = (image_array.astype(np.float32) / 127.0) - 1
    data[0] = normalized_image_array
    prediction = model.predict(data)
    a,b,bg= prediction[0]     # 印出每個項目的數值資訊
    print(a,b,bg)
    if a>0.999:               # 判斷有戴口罩
        text('ok~')
    if b>0.001:               # 判斷沒戴口罩
        text('no mask!!')
    cv2.imshow('oxxostudio', img)
    if cv2.waitKey(1) == ord('q'):
        break  # 按下 q 鍵停止
cap.release()
cv2.destroyAllWindows()
```

❖ 範例程式碼：ch11/code04.py

（掃描 QRCode 可以觀看效果）

如果要加入中文，必須要使用 pillow 函式庫，開啟命令提示字元或終端機，啟動 tensorflow 虛擬環境安裝 pillow 函式庫，再使用下方的程式碼，就能夠加入中文的文字。

```
import tensorflow as tf
import cv2
import numpy as np
from PIL import ImageFont, ImageDraw, Image  # 載入 PIL 相關函式庫

fontpath = 'NotoSansTC-Regular.otf'          # 設定字型路徑

model = tf.keras.models.load_model('keras_model_3.h5', compile=False)
# 載入模型
data = np.ndarray(shape=(1, 224, 224, 3), dtype=np.float32)
# 設定資料陣列

def text(text):    # 建立顯示文字的函式
    global img     # 設定 img 為全域變數
    font = ImageFont.truetype(fontpath, 30)  # 設定字型與文字大小
    imgPil = Image.fromarray(img)            # 將 img 轉換成 PIL 影像
    draw = ImageDraw.Draw(imgPil)            # 準備開始畫畫
    draw.text((0, 0), text, fill=(255, 255, 255), font=font)  # 寫入文字
    img = np.array(imgPil)
# 將 PIL 影像轉換成 numpy 陣列

cap = cv2.VideoCapture(0)
if not cap.isOpened():
    print("Cannot open camera")
    exit()
while True:
    ret, frame = cap.read()
    if not ret:
        print("Cannot receive frame")
        break
    img = cv2.resize(frame , (398, 224))
    img = img[0:224, 80:304]
    image_array = np.asarray(img)
    normalized_image_array = (image_array.astype(np.float32) / 127.0) - 1
    data[0] = normalized_image_array
    prediction = model.predict(data)
    a,b,bg= prediction[0]
    print(a,b,bg)
```

```
    if a>0.999:
        text('很乖')
    if b>0.001:
        text('沒戴口罩!!')
    cv2.imshow('oxxostudio', img)
    if cv2.waitKey(1) == ord('q'):
        break    # 按下 q 鍵停止
cap.release()
cv2.destroyAllWindows()
```

✤ 範例程式碼：ch11/code05.py

(掃描 QRCode 可以觀看效果)

小結

隨著 AI 技術的進一步發展和普及，可以預見 AI 將在未來的更多領域中發揮作用，為人類帶來更多的便利和創新。Python 作為一個廣泛使用的程式語言，為 AI 開發提供了強大的支持和便利，透過這個章節的介紹，對於 Python 在 AI 領域的應用能有更深入的了解，也能夠在實踐中運用這些技術，探索更多有趣的應用場景。

第12章

其他影像辨識範例

前言

人工智慧已經成為當今社會的一個熱門話題，這不僅因為它在許多領域有了重大的進展，更是因為它可以將科技與人文融合在一起，創造出更美好的未來。這個章節將介紹三個基於 Python 的人工智慧應用：數字識別、情緒分析和辨識微笑就拍照片，藉此提供一些簡單易懂的介紹，從中了解人工智慧在現實生活中的應用。

✤ 本章節的範例程式碼：
https://github.com/oxxostudio/book-code/tree/master/opencv/ch12

12-1 辨識手寫數字

這個小節會使用 Keras 搭配 NumPy 訓練手寫數字模型，再搭配 OpenCV KNN 演算方法 (cv2.ml.KNearest_load)，即時辨識出手寫的阿拉伯數字。

什麼是 KNN 演算法？

KNN 演算法的全名為 K Nearest Neighbor，也稱為 K- 近鄰演算法，是機器學習中的一種演算法，意思是**尋找 k 個最接近「某分類」的鄰居，透過這些鄰居來投票，以多數決定這個分類代表什麼**，舉例來說，小明住的地方有 100 個鄰居，小明生了一個小孩不知道要叫什麼名字，於是一一詢問鄰居的意見，最後以多數鄰居的意見作為小孩的命名。

以下圖為例，測試樣本 (綠色圓形) 在 k=3 (實線圓圈) 的狀態下，會被分配給紅色三角形 (因為紅色比較多)，如果 k=5 (虛線圓圈) 的狀態下，會被分配給藍色正方形，如何選擇一個最佳的 K 值取決於資料內容。一般情況下，在分類時較大的 K 值能夠減小雜訊的影響，但會使類別之間的界限變得模糊。

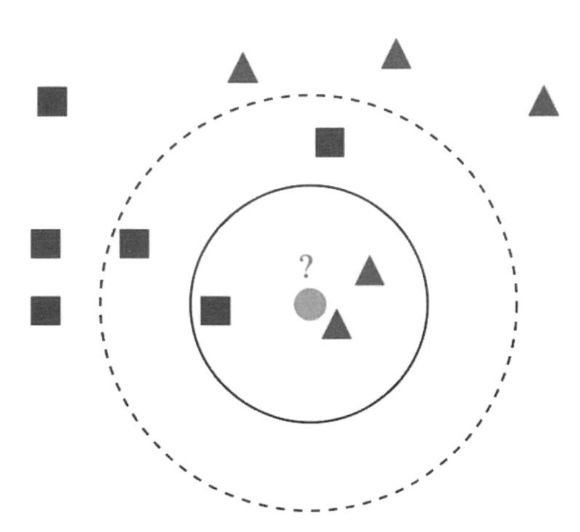

安裝 Keras

Keras 是一個開放原始碼，可以進行神經網路學習的 Python 函式庫，在 2017 年，Google TensorFlow 的核心庫加入支援 Keras 的功能，爾後 Keras 常常會和 TensorFlow 互相搭配使用，許多功能也都必須建構在 TensorFlow 的基礎上運作。

參考「11-1、Jupyter 安裝 Tensorflow」文章，安裝 TensorFlow 後，就會一併安裝 Keras，簡單步驟說明如下 (如果已經安裝完成可略過此部分)，首先建立名為 tensorflow 的虛擬環境。

```
conda create --name tensorflow python=3.9
```

啟動虛擬環境。

```
conda activate tensorflow
```

安裝 Jupyter。

```
conda install jupyter notebook
```

安裝 tensorflow。

```
pip install tensorflow==2.5
```

安裝 OpenCV 和 OpenCV 進階套件。

```
pip install opencv-python
pip install opencv_contrib_python
```

開啟 Anaconda，進入 tensorflow 虛擬環境，啟動 Jupyter。

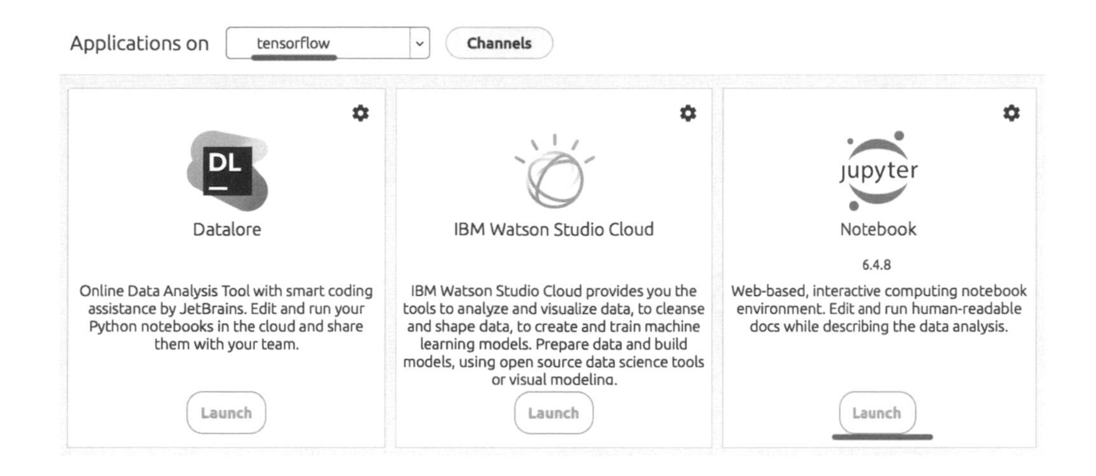

訓練手寫數字模型

訓練手寫數字模型使用 keras 內建的「MNIST 手寫字符數據集」進行訓練，數據集內分成「訓練集」和「測試集」，訓練集有 60,000 張 28x28 像素灰度圖像，作為深度學習與訓練模型使用，測試集內有 10,000 同規格圖像，作為測試訓練模型使用，訓練後可以辨識手寫數字 0～9，下圖為訓練集的其中一部份手寫數字影像。

✤ 參考：https://keras.io/zh/datasets/#mnist

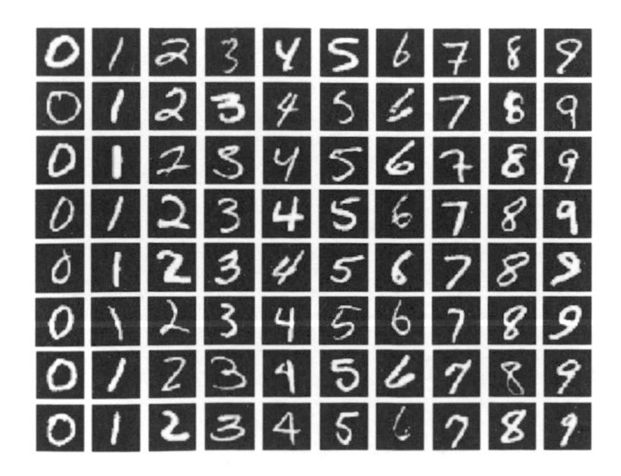

下方的程式碼執行後會進行模型訓練，訓練後會將模型儲存為 mnist_knn.xml (檔案大小約 200 ～ 250 MB)，儲存後會使用測試集進行測試，測試過程需要耗費幾分鐘的時間 (範例的測試結果準確度為 96.88%)，如果不想測試也可移除該部分程式碼，直接訓練與儲存模型。

```
import cv2
import numpy as np
from keras.datasets import mnist
from keras import utils

(x_train, y_train), (x_test, y_test) = mnist.load_data()  # 載入訓練集

# 訓練集資料
x_train = x_train.reshape(x_train.shape[0],-1)  # 轉換資料形狀
x_train = x_train.astype('float32')/255         # 轉換資料型別
y_train = y_train.astype(np.float32)

# 測試集資料
x_test = x_test.reshape(x_test.shape[0],-1)     # 轉換資料形狀
x_test = x_test.astype('float32')/255           # 轉換資料型別
y_test = y_test.astype(np.float32)

knn=cv2.ml.KNearest_create()                    # 建立 KNN 訓練方法
knn.setDefaultK(5)                              # 參數設定
knn.setIsClassifier(True)

print('training...')
knn.train(x_train, cv2.ml.ROW_SAMPLE, y_train)  # 開始訓練
knn.save('mnist_knn.xml')                       # 儲存訓練模型
print('ok')

print('testing...')
test_pre = knn.predict(x_test)                  # 讀取測試集並進行辨識
test_ret = test_pre[1]
test_ret = test_ret.reshape(-1,)
test_sum = (test_ret == y_test)
acc = test_sum.mean()                           # 得到準確率
print(acc)
```

✤ 範例程式碼：ch12/code01.py

根據模型，辨識手寫數字

已經訓練好 xml 模型檔後，就可以開始進行辨識，下方的程式碼會先取出一個正方形的區域，將這個區域的像素做二值化黑白的轉換（因為手寫字通常是白底黑字，要轉換成黑底白字），轉換後將尺寸縮小到 28x28 進行辨識，就能得到手寫字的辨識結果，同時也會將辨識的影像顯示在原本影像的右上角。

```
import cv2
import numpy as np

cap = cv2.VideoCapture(0)                           # 啟用攝影鏡頭
print('loading...')
knn = cv2.ml.KNearest_load('mnist_knn.xml')         # 載入模型
print('start...')
if not cap.isOpened():
    print("Cannot open camera")
    exit()
while True:
    ret, img = cap.read()
    if not ret:
        print("Cannot receive frame")
        break
    img = cv2.resize(img,(540,300))                 # 改變影像尺寸，加快處理效率
    x, y, w, h = 400, 200, 60, 60                   # 定義擷取數字的區域位置和大小
    img_num = img.copy()                            # 複製一個影像作為辨識使用
    img_num = img_num[y:y+h, x:x+w]                 # 擷取辨識的區域

    img_num = cv2.cvtColor(img_num, cv2.COLOR_BGR2GRAY)     # 顏色轉成灰階
    # 針對白色文字，做二值化黑白轉換，轉成黑底白字
    ret, img_num = cv2.threshold(img_num, 127, 255, cv2.THRESH_BINARY_
INV)
    output = cv2.cvtColor(img_num, cv2.COLOR_GRAY2BGR)      # 顏色轉成彩色
    img[0:60, 480:540] = output                     # 將轉換後的影像顯示在畫面右上角

    img_num = cv2.resize(img_num,(28,28))           # 縮小成 28x28，和訓練模型對照
    img_num = img_num.astype(np.float32)            # 轉換格式
    img_num = img_num.reshape(-1,)
# 打散成一維陣列資料，轉換成辨識使用的格式
    img_num = img_num.reshape(1,-1)
    img_num = img_num/255
```

```
    img_pre = knn.predict(img_num)                  # 進行辨識
    num = str(int(img_pre[1][0][0]))                # 取得辨識結果

    text = num                                      # 印出的文字內容
    org = (x,y-20)                                  # 印出的文字位置
    fontFace = cv2.FONT_HERSHEY_SIMPLEX             # 印出的文字字體
    fontScale = 2                                   # 印出的文字大小
    color = (0,0,255)                               # 印出的文字顏色
    thickness = 2                                   # 印出的文字邊框粗細
    lineType = cv2.LINE_AA                          # 印出的文字邊框樣式
    cv2.putText(img, text, org, fontFace, fontScale, color, thickness,
lineType) # 印出文字

    cv2.rectangle(img,(x,y),(x+w,y+h),(0,0,255),3)   # 標記辨識的區域
    cv2.imshow('oxxostudio', img)
    if cv2.waitKey(50) == ord('q'):
        break      # 按下 q 鍵停止
cap.release()
cv2.destroyAllWindows()
```

✤ 範例程式碼：ch12/code02.py

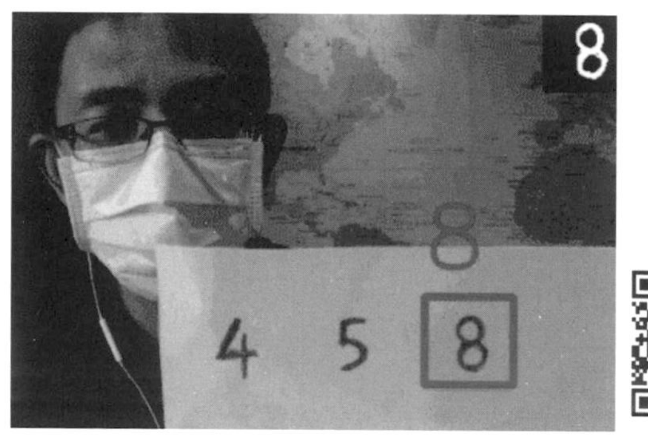

（掃描 QRCode 可以觀看效果）

12-2 情緒辨識與年齡偵測

這個小節會介紹使用 OpenCV，搭配 Deepface 第三方函式庫，實作偵測人臉後，即時辨識出該人臉的情緒反應（喜怒哀樂 ... 等），並推估這個人臉的年齡（甚至可以偵測該人臉的性別和人種）。

安裝 Deepface 函式庫

Deepface 函式庫是由 Facebook AI research group 所研發，並於 2015 年開源，是一套非常完整且容易使用的臉部識別與特徵分析函式庫，Deepface 是使用 Tensorflow 和 Keras 搭配 Python 所開發，只需要輸入指令就能安裝：

```
pip install deepface
```

使用 Deepface 函式庫

如果是第一次使用 Deepface 函式庫，可先執行下方的程式碼 (圖片請搜尋一張人臉的圖片)，執行後會額外下載一些人臉訓練的模型 (檔案大小總共可能快 2G)，下載後應該就能看到出現分析的參數，Deepface 分析的參數包含了情緒 (emotion)、年齡 (age)、性別 (gender) 和人種 (race)。

> 使用時記得加上 try 和 except，避免偵測不到產生的錯誤導致程式中止。

```
import cv2
from deepface import DeepFace
import numpy as np

img = cv2.imread('test.jpg')      # 讀取圖片
try:
    analyze = DeepFace.analyze(img)   # 辨識圖片人臉資訊
    print(analyze)
except:
    pass

cv2.imshow('oxxostudio', img)
cv2.waitKey(0)
cv2.destroyAllWindows()
```

❖ 範例程式碼：ch12/code03.py

```
facial_expression_model_weights.h5 will be downloaded...

Downloading...
From: https://github.com/serengil/deepface_models/releases/download/v1.0/facial_expression_model_weights.h5
To: /Users/oxxo/.deepface/weights/facial_expression_model_weights.h5
100%|████████████████████████████████████████| 5.98M/5.98M [00:00<00:00, 8.99MB/s]

age_model_weights.h5 will be downloaded...

Downloading...
From: https://github.com/serengil/deepface_models/releases/download/v1.0/age_model_weights.h5
To: /Users/oxxo/.deepface/weights/age_model_weights.h5
100%|████████████████████████████████████████| 539M/539M [01:48<00:00, 4.98MB/s]

gender_model_weights.h5 will be downloaded...

Downloading...
From: https://github.com/serengil/deepface_models/releases/download/v1.0/gender_model_weights.h5
To: /Users/oxxo/.deepface/weights/gender_model_weights.h5
100%|████████████████████████████████████████| 537M/537M [01:46<00:00, 5.03MB/s]

race_model_single_batch.h5 will be downloaded...

Downloading...
From: https://github.com/serengil/deepface_models/releases/download/v1.0/race_model_single_batch.h5
To: /Users/oxxo/.deepface/weights/race_model_single_batch.h5
100%|████████████████████████████████████████| 537M/537M [01:54<00:00, 4.67MB/s]
Action: race: 100%|██████████████████████████████████| 4/4 [00:06<00:00,  1.52s/it]

{'emotion': {'angry': 8.4398742335178886e-11, 'disgust': 1.5043971927572453e-11, 'fear': 8.936172357643102e-08, 'happ
y': 99.57208037376404, 'sad': 1.7217763570442912e-05, 'surprise': 8.907277138092695e-08, 'neutral': 0.427903281524777
4}, 'dominant_emotion': 'happy', 'region': {'x': 255, 'y': 107, 'w': 187, 'h': 187}, 'age': 26, 'gender': 'Man', 'rac
e': {'asian': 99.50867301122273, 'indian': 0.14834618755773454, 'black': 0.0006090275020811053, 'white': 0.1164509193
918503, 'middle eastern': 0.0008759463391361, 'latino hispanic': 0.22504801973128083}, 'dominant_race': 'asian'}
```

情緒辨識

完成後，修改程式碼，在 DeepFace.analyze 方法中添加 actions=['emotion'] 參數，再次執行程式，就會看見分析圖片中人臉情緒的結果，以蒙娜麗莎像為例，所偵測到的情緒百分之 93 是「中性 neutral」。

```
import cv2
from deepface import DeepFace
import numpy as np

img = cv2.imread('test.jpg')      # 讀取圖片
try:
    analyze = DeepFace.analyze(img, actions=['emotion'] )
# 辨識圖片人臉資訊，取出情緒資訊
    print(analyze)
except:
    pass

cv2.imshow('oxxostudio', img)
cv2.waitKey(0)
cv2.destroyAllWindows()
```

✤ 範例程式碼：ch12/code04.py

```
{'emotion': {'angry': 0.5344606788880037, 'disgust': 0.00029827280
700156435, 'fear': 0.815216779870795, 'happy': 1.8697005879700535,
'sad': 3.4413209373546207, 'surprise': 0.0126607418039697, 'neutra
l': 93.32634170808444}, 'dominant_emotion': 'neutral', 'region':
{'x': 75, 'y': 70, 'w': 113, 'h': 113}}
```

年齡、性別、人種偵測

修改 actions 參數，就能讀取年齡、人種與性別，下方的程式碼執行後，會印出蒙娜麗莎的相關分析資訊 (滿有趣的是分析出來蒙娜麗莎的性別是男性，好像符合「蒙娜麗莎是達文西自畫像」的傳說)。

```
import cv2
from deepface import DeepFace
import numpy as np

img = cv2.imread('mona.jpg')
try:
    emotion = DeepFace.analyze(img, actions=['emotion'])  # 情緒
    age = DeepFace.analyze(img, actions=['age'])          # 年齡
    race = DeepFace.analyze(img, actions=['race'])        # 人種
    gender = DeepFace.analyze(img, actions=['gender'])    # 性別

    print(emotion['dominant_emotion'])
    print(age['age'])
```

```
    print(race['dominant_race'])
    print(gender['gender'])
except:
    pass

cv2.imshow('oxxostudio', img)
cv2.waitKey(0)
cv2.destroyAllWindows()
```

✥ 範例程式碼：ch12/code05.py

neutral
26
white
Man

辨識多張臉的情緒

如果影像中有「多張臉」，可以先透過「人臉偵測」的方式擷取出有人臉的範圍，再將該範圍的影像進行情緒辨識（參考「9-1、OpenCV 人臉偵測」），詳細說明寫在下方程式碼中：

```
import cv2
from deepface import DeepFace
import numpy as np
from PIL import ImageFont, ImageDraw, Image
```

```
# 定義該情緒的中文字
text_obj={
    'angry': '生氣',
    'disgust': '噁心',
    'fear': '害怕',
    'happy': '開心',
    'sad': '難過',
    'surprise': '驚訝',
    'neutral': '正常'
}

# 定義加入文字函式
def putText(x,y,text,size=70,color=(255,255,255)):
    global img
    fontpath = 'NotoSansTC-Regular.otf'                 # 字型
    font = ImageFont.truetype(fontpath, size)           # 定義字型與文字大小
    imgPil = Image.fromarray(img)                       # 轉換成 PIL 影像物件
    draw = ImageDraw.Draw(imgPil)                       # 定義繪圖物件
    draw.text((x, y), text, fill=color, font=font)  # 加入文字
    img = np.array(imgPil)                              # 轉換成 np.array

img = cv2.imread('emotion.jpg')                         # 載入圖片
gray = cv2.cvtColor(img, cv2.COLOR_BGR2GRAY)            # 將圖片轉成灰階

face_cascade = cv2.CascadeClassifier("xml/haarcascade_frontalface_
default.xml")   # 載入人臉模型
faces = face_cascade.detectMultiScale(gray)             # 偵測人臉

for (x, y, w, h) in faces:
    # 擴大偵測範圍，避免無法辨識情緒
    x1 = x-60
    x2 = x+w+60
    y1 = y-20
    y2 = y+h+60
    face = img[x1:x2, y1:y2]  # 取出人臉範圍
    try:
        emotion = DeepFace.analyze(face, actions=['emotion']) # 辨識情緒
        putText(x,y,text_obj[emotion['dominant_emotion']])    # 放入文字
    except:
        pass
    cv2.rectangle(img, (x, y), (x+w, y+h), (0, 255, 0), 5)
# 利用 for 迴圈，抓取每個人臉屬性，繪製方框
```

```
cv2.imshow('oxxostudio', img)
cv2.waitKey(0)
cv2.destroyAllWindows()
```

✤ 範例程式碼：ch12/code06.py

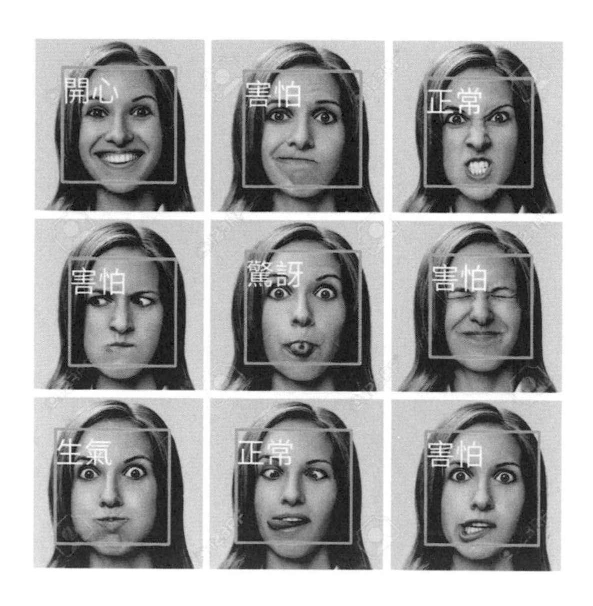

即時辨識，在畫面中顯示情緒

參考「3-3、讀取並播放影片」文章，搭配「5-5、影像加入文字」的方法，就能透過攝影鏡頭即時偵測情緒反應，並將偵測到的情緒顯示在畫面中。

```
import cv2
from deepface import DeepFace
import numpy as np
from PIL import ImageFont, ImageDraw, Image

# 定義該情緒的中文字
text_obj={
    'angry': '生氣',
    'disgust': '噁心',
    'fear': '害怕',
    'happy': '開心',
```

```
    'sad': '難過',
    'surprise': '驚訝',
    'neutral': '正常'
}

# 定義加入文字函式
def putText(x,y,text,size=50,color=(255,255,255)):
    global img
    fontpath = 'NotoSansTC-Regular.otf'                # 字型
    font = ImageFont.truetype(fontpath, size)          # 定義字型與文字大小
    imgPil = Image.fromarray(img)                      # 轉換成 PIL 影像物件
    draw = ImageDraw.Draw(imgPil)                      # 定義繪圖物件
    draw.text((x, y), text_obj[text], fill=color, font=font) # 加入文字
    img = np.array(imgPil)                             # 轉換成 np.array

cap = cv2.VideoCapture(0)

if not cap.isOpened():
    print("Cannot open camera")
    exit()
while True:
    ret, frame = cap.read()
    if not ret:
        print("Cannot receive frame")
        break
    img = cv2.resize(frame,(384,240))
    try:
        analyze = DeepFace.analyze(img, actions=['emotion'])
        emotion = analyze['dominant_emotion']  # 取得情緒文字
        putText(0,40,emotion)                  # 放入文字
    except:
        pass
    cv2.imshow('oxxostudio', img)
    if cv2.waitKey(5) == ord('q'):
        break
cap.release()
cv2.destroyAllWindows()
```

✜ 範例程式碼：ch12/code07.py

(掃描 QRCode 可以觀看效果)

12-3 辨識微笑，拍照儲存

這個小節將「6-8、倒數計時自動拍照效果」以及「12-2、情緒辨識與年齡偵測」兩篇文章的範例合併，實作偵測影像中的人臉是否微笑，如果出現微笑表情，就會倒數三秒自動拍照儲存。

辨識微笑，拍照儲存

使用「倒數計時自動拍照效果」的範例，加入情緒辨識的功能，當偵測到情緒反應的 happy 數值大於 0.5 的時候，就認定人臉正在微笑，進一步觸發拍照的功能，詳細說明寫在下方程式碼中：

```
import cv2
import numpy as np
from deepface import DeepFace      # 載入 deepface

cap = cv2.VideoCapture(0)          # 讀取攝影鏡頭

# 定義在畫面中放入文字的函式
def putText(source, x, y, text, scale=2.5, color=(255,255,255)):
    org = (x,y)
    fontFace = cv2.FONT_HERSHEY_SIMPLEX
    fontScale = scale
    thickness = 5
    lineType = cv2.LINE_AA
```

```
    cv2.putText(source, text, org, fontFace, fontScale, color,
thickness, lineType)


a = 0         # 白色圖片透明度
n = 0         # 檔名編號
happy = 0     # 是否有 happy 的變數

if not cap.isOpened():
    print("Cannot open camera")
    exit()
while True:
    ret, img = cap.read()                    # 讀取影片的每一幀
    if not ret:
        print("Cannot receive frame")    # 如果讀取錯誤，印出訊息
        break
    img = cv2.cvtColor(img, cv2.COLOR_BGR2BGRA)
# 轉換成 BGRA，目的為了和白色圖片組合
    w = int(img.shape[1]*0.5)              # 取得圖片寬度的 1/2
    h = int(img.shape[0]*0.5)              # 取得圖片高度的 1/2
    img = cv2.resize(img,(w,h))            # 縮小圖片尺寸 ( 加快處理速度 )
    white = 255 - np.zeros((h,w,4), dtype='uint8')   # 產生全白圖片

    key = cv2.waitKey(1)                   # 每隔一毫秒取得鍵盤輸入資訊

    try:
        emotion = DeepFace.analyze(img, actions=['emotion'])
# 情緒偵測
        print(emotion['emotion']['happy'], emotion['emotion']
['neutral'])# 印出數值
        if emotion['emotion']['happy'] >0.5:
            happy = happy + 1
# 如果具有一點點 happy 的數值，就認定正在微笑，將 happy 增加 1
        else:
            happy = 0                   # 如果沒有 happy，將 happy 歸零
    except:
        pass

    if happy == 1:
        a = 1                    # 如果 happy 等於 1，將 a 變成 1 ，觸發拍照程式
        sec = 4                  # 倒數秒數從 4 開始

    if key == 32:                # 按下空白將 a 等於 1 ( 按下空白也可以拍照 )
```

```
        a = 1
        sec = 4
    elif key == ord('q'):     # 按下 q 結束
        break

    if a == 0:
        output = img.copy()  # 如果 a 為 0，設定 output 和 photo 變數
    else:
        if happy >= 1:
            output = img.copy()
            photo = img.copy()
            sec = sec - 0.5         # 根據個人電腦效能，設定到接近倒數三秒
            putText(output, 10, 70, str(int(sec)))
            if sec < 1:
                output = cv2.addWeighted(white, a, photo, 1-a, 0)
# 計算權重，產生白色慢慢消失效果
                a = a - 0.5
                print('a', a)
                if a<=0:
                    a = 0
                    n = n + 1
                    cv2.imwrite(f'photo-{n}.jpg', photo)   # 存檔
                    print('save ok')
        else:
            a = 0
            pass
    cv2.imshow('oxxostudio', output)     # 顯示圖片

cap.release()                            # 所有作業都完成後，釋放資源
cv2.destroyAllWindows()                  # 結束所有視窗
```

✣ 範例程式碼：ch12/code08.py

（掃描 QRCode 可以觀看效果）

小結

隨著科技的發展，人工智慧已經在許多領域得到了應用，從醫療到金融、從安全到教育，人工智慧的應用將讓生活變得更加方便和高效。但同時也需要關注人工智慧可能帶來的風險和挑戰，如倫理問題、隱私保護等。因此，在發展人工智慧的同時，我們也需要探索如何在保護人類權益的前提下，實現人工智慧的長期發展。希望透過這一系列的文章，能夠提供一些啟發，一起來關注和探索人工智慧的未來。

附 A 錄

其他參考資訊

Python 基本資料型別

Python 重要的基本語法

AI 影像辨識常用的函式庫(模組)

前言

只要熟悉 OpenCV 和一些 AI 影像辨識的工具，就能輕鬆做出許多有趣又好玩的應用，但是整體的操作仍然構築在 Python 的基礎上，加上使用 OpenCV 時也常搭配 NumPy 函式庫，因此透過最後的附錄整理的網址，列出本書會使用到的一些相關語法，掌握這些程式語法後，就能更清楚掌握 AI 影像辨識的開發技巧。

Python 基本資料型別

- 變數 variable：https://steam.oxxostudio.tw/category/python/basic/variable.html
- 數字 number：https://steam.oxxostudio.tw/category/python/basic/number.html
- 文字與字串 string：https://steam.oxxostudio.tw/category/python/basic/string.html
- 串列 list：https://steam.oxxostudio.tw/category/python/basic/list.html
- 字典 dictionary：https://steam.oxxostudio.tw/category/python/basic/dictionary.html
- 元組 (數組) tuple：https://steam.oxxostudio.tw/category/python/basic/tuple.html
- 集合 set：https://steam.oxxostudio.tw/category/python/basic/set.html

Python 重要的基本語法

- 縮排和註解：https://steam.oxxostudio.tw/category/python/basic/ident.html
- 邏輯判斷：https://steam.oxxostudio.tw/category/python/basic/if.html
- 重複迴圈：https://steam.oxxostudio.tw/category/python/basic/loop.html
- 函式 function：https://steam.oxxostudio.tw/category/python/basic/function.html

AI 影像辨識常用的函式庫（模組）

- NumPy 函式庫：https://steam.oxxostudio.tw/category/python/numpy/numpy.html
- 檔案操作 os：https://steam.oxxostudio.tw/category/python/library/os.html
- 數學 math：https://steam.oxxostudio.tw/category/python/library/math.html

Note

Note